長く快適につきあうために

BROMPTON
メンテナンスブック
改訂版

技術監修　和田サイクル

慣れてしまえば10秒足らずでコンパクトなスタイルに──その秀逸なフォールディング機構で人気を博す折りたたみ自転車『ブロンプトン』。アイコンともいえる伝統的なフレームデザイン、ロンドン市内で生産を続けるこだわりも付加価値となり、折りたたみ自転車界の一大ブランドにまで成長しました。

日本で販売されること20年以上。日常使いや旅先でのパートナーとして、幅広い層から愛されている頼もしい自転車です。

本誌では、一般的なメンテナンス手順からブロンプトン特有のポイントまで、わかりやすく解説。大切な愛車とより長く快適につきあうために贈る1冊です。

はじめに

　この本を手に取られた方はすでにブロンプトンを所有しているオーナー、またはこれからブロンプトンを購入しようと考えている方々かと思います。生産拠点である英国はもちろん、ここ日本を含めた世界中に多くのファンを持つブロンプトンですが、接し方はオーナーのライフスタイルに合わせて千差万別。欧州では純粋な移動の足として利用されるケースも少なくありませんが、日本には特有のママチャリ文化が存在することもあり、ブロンプトンはミニベロのカテゴリーに属するスポーツバイクとして認識されています。

　価格についても、日本に正規導入されているモデルは2023年12月現在、最安値のCラインでも26万150円（税込）と高額で、駅前やマンションの駐輪場に鎮座している軽快車やクロスバイクとは扱われ方自体が異なります。

　画期的な折りたたみ機構を持つ高品質なフォールディングバイクでありながら、実用車さながらの耐久性を誇るブロンプトンは、最低限のメンテナンスをおこなうことで何十年も、いや永遠に乗り続けることができるかもしれない、特別な存在といえるでしょう。実際に、日本への正規輸入がはじまった2003年当時の車両が元気に走っている姿を見かけることは少なくありませんし、編集部が所有する2003モデルのL3はまさしく、現役バリバリのブロンプトンとして辰巳出版発行の自転車専門誌『自転車日和』の誌面をにぎわせています。

　長い間大きく変わることのないトラディショナルなシルエットと安定感のある乗り味は、いつまでも色あせることはありません。愛すべきブロンプトンと末長くつき合うための1冊として、少しでもお役に立てれば幸いです。

みんな大好き、ブロンプトン！

CONTENTS

**BROMPTON
メンテナンスブック
改訂版**

～ブロンプトンと和田サイクル～

本書の技術監修をお願いした和田サイクルは、全国の小径車ファンから〈小径車の聖地〉と呼ばれ親しまれている、大正6年（1917）創業の歴史ある自転車店。折りたたみ自転車ブームの火付け役として、これまで数多くのユーザーをサポートしてきた3代目店主の和田良夫さんは、間違いなくブロンプトンを日本に広めたひとりであり、ブロンプトンの価値にいち早く気づいた人でもあります。

ミズタニ自転車が英国製ブロンプトンの輸入総代理店となる2003年以前、90年代からブロンプトンを取り扱い続けている和田サイクル。「だって、おもしろいと思ったから」と、初見でその秀逸な折りたたみ機構に興味をひかれ、すぐに取り扱うことを決めたといいます。

r&m社が開発したBD-1の流行をきっかけとして、2000年代に入ると日本の小径折りたたみ自転車ブームが本格化。続々とライバル車が登場する中、和田さんはブロンプトンを推し続けました。そして現在、多いときにはブロンプトンだけで120台もの在庫を抱える和田サイクルからは新たなブロンプトンオーナーが続々と誕生しています。

ちなみに和田さんの愛車として活躍するS2L-Xは2006年、和田さんが訪英した際に現地にて購入し、持ち帰ってきたものです。「ブロンプトンは壊れないから」とその信頼性の高さはお墨付き。自らの足代わりとして、来店客に安心して紹介できる商材として、ブロンプトンは和田さんと和田サイクルにとって、欠かすことのできない存在になっています。

創業106年の老舗自転車店、和田サイクルの店主、和田良夫さん。愛車であるS2L-Xに2匹の愛犬（サリー＆ショウ）を乗せて出かけることもしばしば。

店内には色とりどりのブロンプトンが30台ほど展示されている（倉庫に保管されている在庫と合わせると100台以上）。試乗車はブロンプトンだけでも6台を用意。

2006年、訪英した際に撮影されたもの。ブロンプトン社の創業者、アンドリュー・リッチー氏と。

店内には、アンドリュー・リッチー氏から贈られた訪英記念のサイン入りフレームも展示。

ブロンプトンの現行ラインアップ
（正規モデル）※2023年12月現在

初代モデルの登場から40年以上の歳月が経過しているブロンプトン。
その基本的な構造とスタイルは現行モデルにも受け継がれているが、
2022モデルからは車種名を変更。ラインアップが一新されている。

問：BROMPTON JAPAN　https://jp.brompton.com/

C Line

26万150円〜（税込）／Urban
28万4350円〜（税込）／Explore
29万5350円〜（税込）／Explore（ラック付き）

スチールフレームで構成されたスタンダードグレード

コンパクトにまとまる独自の折りたたみ機構と伝統的なスタイルを受け
継ぐスタンダードグレード。メインフレームにはスチール素材（一部
クロモリ鋼）を、フロントフォーク＆リアフレームにもスチール素材を採
用することで、優れた機能性とコストパフォーマンスを両立させている。
外装2段変速仕様のアーバンと内装3段×外装2段による6段変速仕様の
エクスプロアーをラインアップ。

SPEC
フレーム：スチール
タイヤ径：16インチ（349）
変速数：2speed（Urban）、6speed（Explore）
重量：11.26kg（Urban）〜、12.1kg（Explore）〜、13.01kg（Explore ラック付き）〜
コンポーネント：BROMPTON、STURMEY ARCHER
カラー：マットブラック、マッチャグリーン、フレイムラッカー、デューンサンド、
ユズライム、オーシャンブルー

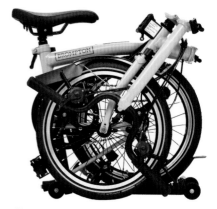

折りたたみサイズ：W585mm × H645mm × D270mm

■ハンドル形状

Midハンドル（旧呼称:Mハンドル）

コミューター志向のアップライトな乗車姿勢を作る形状のハンドル。ハンドルの高さ（地上高）は1015ミリ。

Lowハンドル（旧呼称:Sハンドル）

前傾したスポーツ志向の乗車姿勢を作るフラットバー仕様のハンドル。ハンドルの高さ（地上高）は925ミリ。

■変速段数

6段変速

スターメーアーチャー製の内装3段とオリジナルの外装2段を組み合わせる。エクスプロアーに搭載。

2段変速

軽さとシンプルな構造を重視したブロンプトンオリジナルの外装2段変速システム。アーバンに搭載。

■ラック（リアキャリア）の有無

ラック有

大きな荷物の積載、折りたたみ時の安定感に貢献するアルミ製ラック。エクスプロアーに標準搭載。

ラック無

軽さを重視した仕様。なお、ラックはオプションパーツとして後から取り付けることも可能だ。

P Line

44万1100円〜（税込）／Urban
45万3750円〜（税込）／Urban（ラック付き）

車体の軽量化を狙ったスーパーライトモデルの系譜

従来のスーパーライトモデルの後継として開発されたグレード。メインフレームはCラインと共通ながら、フロントフォーク、リアフレームにチタン素材を採用することで10キロを下回る軽量な車体を実現。ブロンプトンとしては第6世代に匹敵する革新的な進化を遂げた。ラインアップは現状、新開発の外装4段変速を搭載するアーバンのみだが、ハンドルはCラインと同様2タイプから選択可能だ。

SPEC
フレーム：スチール（チタンリアフレーム＋チタンフォーク）
タイヤ径：16インチ（349）
変速数：4speed
重量：9.99kg〜、10.2kg〜（ラック付き）
コンポーネント：BROMPTON
カラー：ミッドナイトブラック、ルナーアイス、ブロンズスカイ、ボルトブルーラッカー、フレイムラッカー

折りたたみサイズ：
W585mm × H645mm × D270mm

新たに開発されたブロンプトンオリジナルの外装4段変速。

フロントフォークにはチタン素材を採用。軽量に貢献する。

第6世代に相当するチタン素材を採用した新型リアフレーム。

T Line

85万2500円〜（税込）／Urban

圧倒的な軽さを実現したブロンプトンの旗艦モデル

2023年から日本のバリエーションに追加された最上級グレード。メインフレームとハンドルバーステムにもチタン素材を採用。Pラインと同様のチタン製リアフレーム＆外装4段変速を組み合わせた。フロントフォークやハンドルバー、シートポストやクランクにはカーボン製のパーツをセットするなど、その贅沢を極めた装備によって、車重8キロを下回る圧倒的に軽量な車体を完成させた。

SPEC
フレーム：チタン（＋カーボンフォーク）
タイヤ径：16インチ（349）
変速数：4speed
重量：7.95kg
コンポーネント：BROMPTON
カラー：ブラステッドタイタニアム

折りたたみサイズ：
W600mm × H645mm × D320mm

新たに開発されたブロンプトンオリジナルの外装4段変速。

軽量なカーボン素材を採用したフロントフォーク＆コラム。

第6世代に相当するチタン素材を採用した新型リアフレーム。

BROMPTON All Line Up

P Line & T Lineに与えられた
特徴的な新装備

Pライン とTラインにはCラインとは異なる数多くの装備&システムが採用されている。ここではその代表となる箇所を一覧にて紹介する。

◎自動調心ヒンジクランプ

ヒンジプレートの形状を一新。上下左右を非対称とすることで、自動調心機能を持たせた。

◎サスペンション&ローラー

扁平型サスペンションブロックを採用。大型で軽量なローラーにより押し歩きをサポートする。

◎シートポストストッパー

ストッパーの位置はチェーンステイに。シートポストを上げた状態でも折りたたみ形状を保持する。

◎クイックリリースペダル

左側のペダルは着脱可能かつフォークに固定できる軽量仕様に。着脱にはマグネット式を採用する。

◎スーパーライトホイール

軽量なリムが採用されたホイール。TラインおよびPライン（初期モデルを除く）に装備される。

◎ハンドルバーキャッチ
（T Lineのみ）

カチッと音がするバネ仕掛けによって固定される新開発のハンドルバーキャッチ。

◎カーボンハンドルバー
（T Lineのみ）

軽量でありながら微振動も吸収するカーボン製のハンドルバー。Low と Mid をそれぞれ用意する。

◎カーボンシートポスト
（T Lineのみ）

0.3ミリのスチールアーマーで補強されたカーボン製のシートポスト。軽さとタフさを両立させた。

◎カーボンクランク
（T Lineのみ）

軽量&高剛性を実現したカーボン製2ピースクランク。チェーンリングはダイレクトマウント方式。

2021モデルまでの呼称について

M6R

ラックの有無：ラック未装着車は末尾に「L」、ラック装着車は「R」と表記されていた。

変速段数：変速のないモデルは「1」、外装2段変速車は「2」、内装3段変速車は「3」、内装5段変速車は「5」、内外装6段変速車（外装2×内装3）は「6」と表記されていた。

ハンドル形状：Mハンドル装着車は「M」、Sハンドル装着車は「S」、Pハンドル装着車は「P」と表記されていた。

注1）現行モデルには内装5段、内装3段変速車およびPハンドル装着車はラインアップされていない。

注2）スーパーライトモデル（現行モデルのPラインに該当）は末尾に「X」の表記が追加されていた。

注3）2005モデルまではラックおよびライト装着車は「T」＋変速段数、ラックおよびライト未装着車は「L」＋変速段数で表記されていた。

各部の名称

メンテナンスの実践編へ突入する前に、自転車に関する必要最低限の知識は身につけておきたいところです。

各部の名称を知らなければ、メンテナンスの内容を理解することは不可能。

ここでは車体関連の基本的な呼称についてまとめて表記しています。

ハンドルバー

ハンドルバーステム

サドル

シートポスト

ケーブル

リアフレーム

メインフレーム

フォーク

チェーンリング

クランク

チェーン

ペダル

リアホイール（後輪）

フロントホイール（前輪）

リアタイヤ

フロントタイヤ

各部の名称

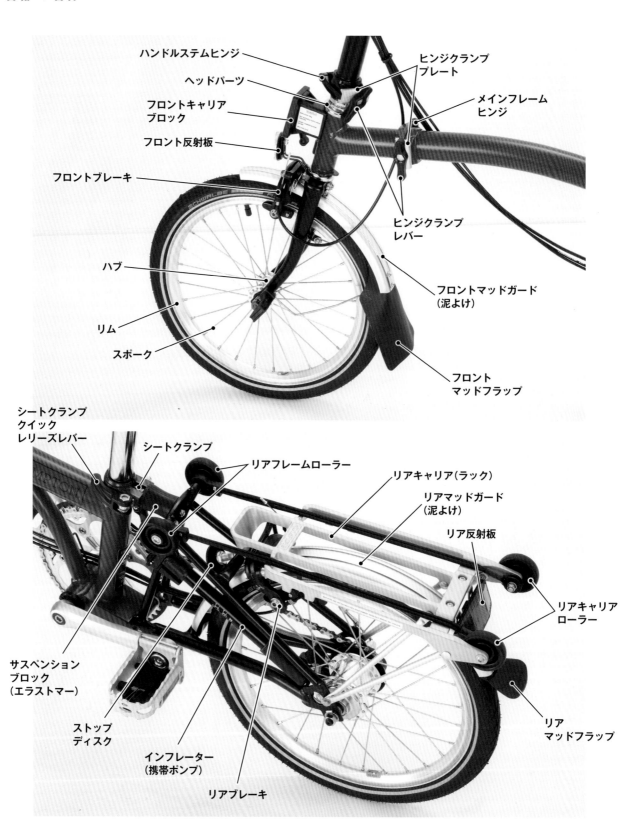

ハンドルステムヒンジ

ヘッドパーツ

フロントキャリア
ブロック

フロント反射板

フロントブレーキ

ハブ

リム

スポーク

ヒンジクランプ
プレート

メインフレーム
ヒンジ

ヒンジクランプ
レバー

フロントマッドガード
(泥よけ)

フロント
マッドフラップ

シートクランプ
クイック
レリーズレバー

シートクランプ

リアフレームローラー

リアキャリア(ラック)

リアマッドガード
(泥よけ)

リア反射板

リアキャリア
ローラー

サスペンション
ブロック
(エラストマー)

ストップ
ディスク

インフレーター
(携帯ポンプ)

リアブレーキ

リア
マッドフラップ

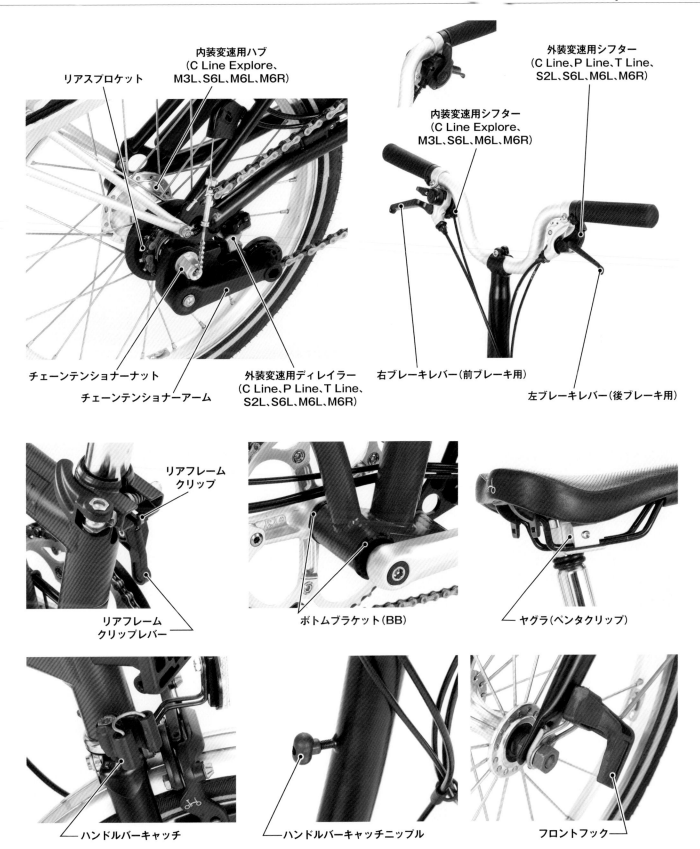

内装変速用ハブ
（C Line Explore、
M3L、S6L、M6L、M6R）

リアスプロケット

外装変速用シフター
（C Line、P Line、T Line、
S2L、S6L、M6L、M6R）

内装変速用シフター
（C Line Explore、
M3L、S6L、M6L、M6R）

チェーンテンショナーナット

チェーンテンショナーアーム

外装変速用ディレイラー
（C Line、P Line、T Line、
S2L、S6L、M6L、M6R）

右ブレーキレバー（前ブレーキ用）

左ブレーキレバー（後ブレーキ用）

リアフレーム
クリップ

リアフレーム
クリップレバー

ボトムブラケット（BB）

ヤグラ（ペンタクリップ）

ハンドルバーキャッチ

ハンドルバーキャッチニップル

フロントフック

折りたたみ手順

慣れてしまえば瞬時に折りたたむことができるブロンプトンの秀逸なフォールディング機構ですが、
作業のコツや注意すべきポイントがあるので要チェック。
ここではブロンプトンのお手本的な折りたたみ手順を、和田さんによる実演にて紹介します。

01

ベーシックな折りたたみ
手順では、車体の左側に立
つところからスタート。

02

まずペダルの位置を合わせる。左のペダルが前側
（右のペダルが後ろ側）に来るようクランクを回す。

※重要　詳しくはP113を参照

03

リアフレームクリップレ
バーを左手で前方向に押
し、右手でサドルを少しだ
け持ち上げてリアフレー
ムのロックを解除。小柄な
人はサドルではなく、シー
トポストを握ると作業し
やすい。

Point

左手は逆手気味に使うとレバーを押しやすい。

04

サドルを持ち上げたまま左手でハンドル左側のグリップを握り、ハンドルを少し左側方向に切る。

※重要　詳しくはP114を参照

05

サドルをさらに上方へすばやく持ち上げて、車体の後部がメインフレームの下へ来るように縦回転させる。小柄な人はサドルではなく、シートポストを握ると作業しやすい。

06

後輪がメインフレームの下に来たところで持ち上げていたサドルをおろす。ここまでで第一段階が完了（駐輪時に役立つ通称「お座りフォーム」）。

07

車体が倒れないように支えながら、メインフレームのヒンジクランプレバーを2〜3回転させ、ヒンジクランププレートをフレームから外す。

Point

ヒンジクランプレバーは反時計回りに回転させるとヒンジクランプが緩む。

折りたたみ手順

08

左手でハンドルバー
ステムを握る。

09

前輪の向きを変えずに（ハンドルが前向きの
状態を保ちながら）フレーム前部を後方に移
動させていく。

10

前輪を軽く持ち上げ、フォーク下部にあるフロン
トフックがリアフレームに掛かるように下ろす。

Point

フォーク下部に装着されて
いるフロントフック。

フックがリアフレームに掛かる
ことで車体前部が固定される。

Point

ヒンジクランプは
メインフレーム同
様、レバーを反時
計回りに回転させ
ると緩む。

11

ハンドルバーステム下部のヒンジクランプレ
バーを4〜6回転させ、ヒンジクランプをハン
ドルバーステムから外す。

12

ハンドルバーステムを外側に倒していく。

13

ハンドルバーキャッチニップルをフォーク上部
のハンドルバーキャッチ（Tラインはステム下部）
に固定する。

Point

ハンドルバー
キャッチニップル

ハンドルバーキャッチ

ハンドルバーキャッチにニップ
ルを押し込むことでハンドルバー
ステムが固定される。

折りたたみ手順

BROMPTON Folding

14

Point

シートクランプの
クイックレバー。

シートクランプの
クイックレバーを開く。

シートクランプのクイックレバーを開いて、
シートクランプを緩める。

15

サドルを下げる。

16

サドルを完全に下まで下げる。これ
により折りたたまれた車体後部が
ロックされる。

17

シートクランプ
のクイックレ
バーを最後まで
閉じる。

シートクランプレバーを確実に締める。

18

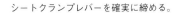

Point

ペダル中央の黒いプレートを押し上げる。

クランクアームの端を通り越える形で、ペダ
ルが完全に垂直になるまで折りたたむ。

※PラインおよびTラインの着脱式ペダルについては
P81を参照

19

左側のクランクを後方へ回転
させ、右側のペダルを前輪の下
側へ沿わせる。続けて左側のペ
ダルを折りたたむ。

Point

右側のペダルは前輪の下に沿わせるように。

折りたたみ
完了！

展開の手順

基本的な作業の流れは折りたたみ手順の逆工程となるため、重複する部分については簡略化いたしますが、
展開時ならではのポイントはいくつか存在します。
コツをつかむことでよりスムーズに、よりスマートに作業をおこないましょう。

01

はじめに左側の折りたたみペダルを元の状態に戻す。ペダルが折りたたまれた状態でクランクを動かしてしまうとフレームに傷をつける恐れがあるため、最初にペダルを展開する癖をつけておくこと。次にシートクランプを緩め、サドルをしっかりと上の方まで引き上げ、リアフレームのロックを解除する。サドルが中途半端に低い状態だとロックが解除されないので注意。

※重要　詳しくはP114を参照

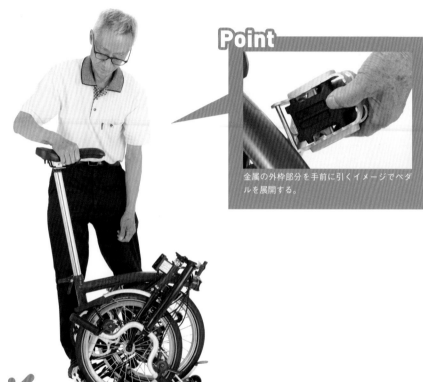

Point

金属の外枠部分を手前に引くイメージでペダルを展開する。

02

上側にあるグリップを握り、ハンドルバーを旋回させながら上方に起こす。

Point

地面方向へグリップを押し込むとハンドルのロックを解除しやすい。

03

ハンドルバーステムのヒンジをしっかりと閉じたら、クランププレートをヒンジに合わせる。ヒンジクランプレバーを時計方向に回し、クランププレートをヒンジにしっかり固定する。

04

右手で車体を支えつつ、左手でハンドルバーステムを握りフレーム前部を展開する。このとき、前輪は進行方向を向いている状態でキープ。

05

フォーク下部のフロントフックが車体の左側にあることを確認し、ヒンジをしっかりと合わせる。このとき、前輪が少し斜めを向くように（後輪と一直線上に並ばないように）する。

Point

折りたたんだ状態ではフォーク下部のフロントフックがリアフレームに固定されている。このロックを解除するために、前輪側を少し持ち上げながら、前フレームを開いていく。

展開の**手順**

06

閉じたヒンジにクランププレートの向きを合わせて固定。ヒンジクランプレバーを時計回りに回し、クランププレートをヒンジにしっかりと締め付ける。

07

左手でハンドルバーを握り、右手でサドルを勢いよく上方に引き上げながら後輪を後方に旋回させる。

展開完了！

08

車体後部を展開しつつサドルを下方向へ押す。すると、サスペンションブロックがメインフレームに当たり、クリック音とともにロックされる。これで展開完了！

Point

小柄な人で
あれば……

「サドルを持った状態だと右手が上がらない」という小柄な人はサドルではなく、右手でシートポストを握った状態で引き上げてもOK！

ブレーキ＆シフターの操作

ブロンプトンの場合、内装変速モデルは右ブレーキレバーと一体化した右側のシフターを右手で操作、
外装変速モデルは左側のシフターを左手で操作するスタイルが採用されています。
（内外装変速モデルは左右のシフターを使用する）。

SHIFTERS

内装変速の操作

内装変速モデル（M3L）
内外装変速モデル（C Line Explore、
S6L、M6L、M6R）

右側のシフトレバーを親指で
左方向に押し込んでいくと重
いギア（スピードが出る）へと
3段階に変速する。

右側のシフトレバーを親指で
右方向に押し込んでいくと軽
いギア（坂道が登りやすい）へ
と3段階に変速する。

外装変速の操作

外装変速モデル（C Line Urban、
P Line、T Line、S2L）
内外装変速モデル（C Line Explore、
S6L、M6L、M6R）

左側のシフトレバーを親指で
左方向に押し込んでいくと軽
いギア（坂道が登りやすい）へ
変速する。

左側のシフトレバーを親指で
右方向に押し込んでいくと重
いギア（スピードが出る）へ変
速する。

BRAKES

ブレーキの操作

ブレーキレバーを握り込むことで制動力が得られる。ほかの多
くの自転車と同様、右手側のレバーが前ブレーキ用、左手側の
レバーが後ろブレーキ用にセットされている。ブレーキは左右
のレバーを均等の強さで握るのが基本であるため、前後は特別
に意識する必要はないだろう。

（左側の縦書き）BROMPTON Using the Shifters & Brakes

TOOLS
ツールガイド

ここではブロンプトンの基本的なメンテナンスに必要なハンドツールを紹介します。ホームセンターで入手できるスパナ等の一般的な工具から、自転車の整備にのみ使用する専用の工具まで、そろえておいて損のないアイテムばかりです。

02 ― スパナ（15ミリ）

ブロンプトンの車輪はほかのスポーツ車と異なり、ナットによってフォークやリアフレームに固定されているため、車輪を着脱する際には15ミリのスパナが必要（Pライン、Tラインを除く）。作業にはナットに工具をしっかりと固定できるリングスパナがオススメ。

01 ― アーレンキー

六角穴のボルトを締めたり緩めたりする工具。ブロンプトンのみならず、自転車のメンテナンスにおいて最も使用頻度が高い。1.5ミリから8ミリのセットがあればほとんどの作業に対応できる。六角レンチ、ヘックスレンチとも呼ばれる。

03 ― ペダルレンチ

ペダルを脱着するための専用の工具。左側に折りたたみペダルを採用するモデルの右側のみで使用する。右ペダルの脱着には6ミリのアーレンキーも使えるが、ペダルレンチのほうが力を入れやすく作業効率も高い（軽量ペダルを採用するPライン、Tラインを除く）。

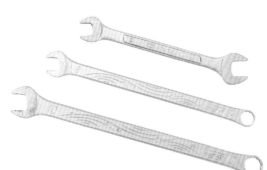

04 ― スパナ（8/10ミリ）

ブロンプトンの場合、シートクランプの締め付けを調整する作業に10ミリのスパナを使用する（Tラインを除く）。またリアマッドガードを着脱する際には、受け側ナットの共回りを防ぐため、8ミリのスパナを2本用意する必要がある（PラインおよびTラインを除く）。

05 ― ポジドライブドライバー

フロントキャリアブロックの着脱に使用する工具。日本では一般的ではないため、プラスドライバーの先端を削ったもので代用することも可能だ。プラスドライバーを使う場合はネジ穴を潰さないよう慎重に作業をおこなうこと。

06 ── タイヤレバー

タイヤやチューブの交換、パンク修理時に活躍するタイヤレバー。いざという時のために、外出時も携帯しておきたいアイテムのひとつだ。片側をスポークに掛けることができるフック形状のものが使いやすい。

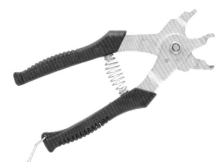

07 ── チェーンプライヤー

チェーン交換時に使用するチェーンコネクターを着脱するための工具。先端が閉じる方向と開く方向のいずれにも対応する2WAY構造のものが便利（チェーンを交換する際はブロンプトン純正チェーンの使用が前提となる）。

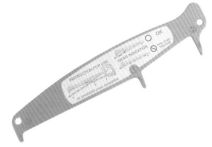

08 ── チェーンチェッカー

リンクの隙間に差し込むことでチェーンの伸び具合を測定できるツール。チェーンの交換作業自体に使用する工具ではないため、必ずしも所有する必要はないが、ひと目でチェーンの交換時期を確認できるのであると便利。

09 ── フロアポンプ

携帯用の手押しポンプが付属するモデルもあるが、自宅でメンテナンスをおこなうのであれば、フロアポンプが最適。チューブのバルブ形状（米式もしくは仏式）に対応するアイテムを用意する。

これさえあれば出先でのメンテナンスも可能!?

BROMPTON TOOLKIT

── ブロンプトン純正ツールキット

価格：1万3200円（税込）

ブロンプトン社がアクセサリーのひとつとしてラインアップする純正ツールキット。ビット交換タイプのラチェットドライバーを含め、ツーリング先での作業効率を高めるハイクオリティなアイテムをパッケージ。

セット内容
◎タイヤレバー＆8ミリ・10ミリスパナ
◎15ミリスパナ＆ラチェットドライバー
◎プラス・マイナスドライバービット
◎2.5ミリ・5ミリ六角レンチビット
◎3ミリ・4ミリ六角レンチビット
◎2ミリ・6ミリ六角レンチビット
◎パンク修理用パッチ＆サンドペーパー
◎専用アルミケース

ブロンプトンの前側フレーム内部にきっちりと収納することができる。
※Tラインを除く

CLEAN & LUBE

ケミカルガイド

工具と同様、メンテナンスに欠かすことのできない
ケミカル関連アイテム。特に汚れが付着しやすい
チェーンなどの駆動部分は、放っておくと走行性能
の低下を招きます。定期的なクリーニングによって、
愛車を快適な状態へ導きましょう。

01 — パーツクリーナー

チェーンやその周辺に付着した油脂汚れ、ブ
レーキキャリパーなどの表面に付着したダス
トを落とす化学洗浄剤。近年は環境を破壊し
にくい速乾性アイテム、プラスチックパーツ
への影響が少ないアイテムも増えている。

02 — チェーンクリーナー

チェーンまわりの洗浄に特化したクリー
ナー。モーターサイクルなどに使用され
るシールチェーンに対応する(ゴムを傷
めない)ものが多いが、自転車のチェーン
にはシールが使われていないため、パー
ツクリーナーで代用することも可能。

03 — フォーミング クリーナー

チェーンやグリースなどの油脂汚
れを洗浄する際にも使える、便利な
泡状のクリーナー。弱アルカリ性の
ため、素材にやさしく、フレームを
はじめとする塗装面も傷めにくい。
水を使用せずにクリーニングでき
るため、そのメリットは絶大だ。

クリーニングは ケミカルだけで OK？

チェーンなどの頑固な油脂汚れは、クリーナー類を吹
きかけるだけでは完全に落とすことは難しいが、ブラ
シを使うことで除去しやすくなる。クリーナーにブラ
シが付属することもあるが、ない場合は使い古した歯
ブラシ等でも代用できる。

04 — グリース（スプレータイプ）

噴射後、速やかに粘度を高めて、しっかりと付着してくれるスプレータイプのグリースは、ヒンジをはじめとする各種ジョイント部の防錆＆潤滑に有効。

05 — グリース（固形タイプ）

固着しやすいボルトのネジ山や水が浸入しやすい場所に塗布する固形タイプのグリースも必需品。汎用品でも問題はないが、自転車専用に開発されたアイテムを使用すれば、耐水性、耐圧性、耐熱性などの耐久力も見込める。

06 — チェーンルブ（スプレータイプ）

チェーンを潤滑させるためのケミカルで、チェーンオイルとも呼ばれる。オイルが金属の表面を覆うことで摩擦を低減。サビの原因になる雨水などからチェーンを守る。時短で塗布できるスプレータイプのほか、散布しにくいリキッドタイプもアリ。乗り方や使用状況に合わせて、さまざまなタイプのチェーンルブが用意される。

チェーンルブ（リキッドタイプ）

洗浄＆整備の重要アイテム

メンテナンスやクリーニングに欠かせない必須アイテム、それがウエス。作業時に使用する雑巾のことだが、汚れを拭き取る際はもちろん、スプレーを不要な場所に散布しないための養生としても役立つ。水分や油分を吸収しやすい素材のものが◎。

HOW TO USE TOOLS
正しい工具の使い方

アーレンキーで大半の整備をおこなうことができるブロンプトンですが、フロントキャリアブロックの着脱にはポジドライブドライバー、右ペダルの着脱にはペダルレンチを使うモデルも。トラブルを招かないためにも、正しい方法で使いましょう。

―アーレンキーの使い方

Hex Wrench

ホームセンターなどでも販売されているアーレンキーはL型のものが一般的で、基本的に短辺側の頭をボルト穴に差し込んで使用します。車体の奥まった部分にあるボルトを回すときやボルトを効率よく回す際に長辺側を使うこともありますが、大きな力を加える際には短辺側を使用します。

ついついボルトを回すための動作に意識を集中させがちですが、アーレンキーを使う上で最も大切なのは、垂直方向に（ボルトの軸と一直線上に）工具をきっちりと押し当てることです。ボルト穴に頭が斜めに入った状態でアーレンキーを回すと、ボルト穴の角は簡単に削り取られてしまいます（これを俗に「なめる」という）。ボルト穴をなめてしまうと最悪の場合、ボルトまたはボルトで固定している部品自体を破壊することもあるため、作業するときには細心の注意を払いましょう。

アーレンキーの頭がボルト穴にきちんと刺さっていることを確認。

アーレンキーを垂直方向にしっかりと押さえつけながら作業する。時計回りに回すとボルトは締まり、反時計回りに回すと緩む。

NG

✕ ボルトの穴に対してアーレンキーの頭が斜めに刺さっている。ボルト穴をなめやすい。

✕ 長辺側の先端だけを握ってアーレンキーを回す。垂直方向に押す力が加わりにくい。

―ドライバーの使い方

　ブロンプトンでは、フロントキャリアブロックの着脱にのみ使用するポジドライブドライバー。プラスドライバーで代用する場合、サイズの合わないドライバーで無理矢理ボルトを回そうとすると、「＋」溝は小さな力でもなめてしまいます。使い方についてもアーレンキーのときと同様、垂直方向に（ボルトの軸と一直線上に）工具をきっちりと押し当てることが大切です。

ドライバーの先端がネジの溝に対して垂直に刺さっていることを確認。

NG ✕
ボルトの溝に対してドライバーの先端が斜めに刺さっていると、溝をなめやすい。

垂直方向にしっかりと力を加えながらドライバーを回転させる。時計回りに回すとボルトは締まり、反時計回りに回すとボルトは緩む。

―ペダルレンチの使い方

　ブロンプトンでは、右側ペダルの着脱にのみ使用するペダルレンチ（軽量ペダルを採用するPライン、Tラインを除く）。注意すべきは、ペダルを取り外す際にペダルレンチをペダル軸にかける角度です。右側にはチェーンリングがあるため、ペダルレンチをかける角度が悪いと、チェーンリングの歯で手を傷つける恐れがあります。気をつけて作業しましょう。

右ペダルを外す際はクランクを水平に近い位置（右前）になるように合わせる。右手がチェーンリングの横にくる位置でペダルレンチをペダルの軸に掛ける。

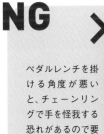

NG ✕
ペダルレンチを掛ける角度が悪いと、チェーンリングで手を怪我する恐れがあるので要注意。

クランクが回らないように左側のクランクを左手でしっかりと押さえながら右手でペダルレンチを下方向に押してペダルを緩める。

Column ❶

はじまりのブロンプトン
～その1～

　いまや世界中に多くのファンを有するブロンプトンのサクセスストーリーは、奇跡の連続（人と人の出会い、そしてつながり）の上に成り立っていると言っていいでしょう。さかのぼること48年前、ビッカートンの存在から刺激を受けて独自の折りたたみ機構を持つ自転車を設計した若かりし日のアンドリュー・リッチー。しかし、英ラレーをはじめとするメジャーブランドらはブロンプトンの価値に理解を示さず、アンドリューは自らの手で製品化する選択を強いられます。

　1981年、最初に製品化された30台のブロンプトンは出資者たちの元に届けられましたが、それはまさしく現在でいうところのクラウドファンディング的な発想だったのかもしれません。お世辞にもスマートなシルエットとはいえないプロトタイプ（プロトタイプは3台が製作されたが、最初期は18インチタイヤを採用していたという）の姿を事前に目にすることで、その価値を理解し、ブロンプトンの将来性を汲み取れた出資者たちには、特別な感性が宿っていたのでしょう。

　写真のモデルは俗にMk1と呼ばれている、ごく限られた期間に手作りのごときプロセスで生産された、希少なブロンプトンの初期モデルです（後に追加で20台、400台の量産車と合わせて450台が生産された）。基本構造こそ現在のブロンプトンと大きく変わりませんが、細部をチェックして現行モデルと比較していくほどに、どれだけ堅実かつ実直にブロンプトンが進化を遂げてきたのか、その痕跡を垣間みることができます。

　解りやすい部分のひとつとして、ケーブルの取り回しが挙げられます。写真が右側から撮影したものであるため想像しにくい部分ですが、束ねられたケーブルはメインフレーム中央にボルトで固定されています。対して、現在のブロンプトンはすべてのケーブルを車体の右側（折りたたんだときの内側）に通しています。その理由や違いについて考察してみるのも面白いかと思います。

　ダホンなどの折りたたみ自転車と比較したとき、ヒンジをクランプで固定するブロンプトンのメインフレームを「原始的」「時間がかかる」と揶揄する人もいますが、少なくとも出資者たちに届けられた30台のMk1にはバックル式の折りたたみ機構が採用されていました（写真の車両はレバーを回して固定するシンプルなCクランプ式）。量産するに当たって、製造コスト面で有利だったことも理由のひとつでしょう。しかし結果的に現在も、意図的にシンプルな固定方法を選択していることに、必ず意味はあります。

　ブロンプトンは日本において、決して安価とはいえないプライスもあってか、マニア向けの〈小径スポーツ自転車〉として扱われることが多いようです。しかし、その本質はあくまで実用車。海外では通勤車として、多くの人の日常の足として、オーナーに寄り添いながらさりげなく活躍する生活の道具でもあります。求められる性能は使いやすさ、そして〈質実剛健〉であること。つまり、壊れにくいという絶対的な信頼がそこに介在しています。

　自転車をカスタムする楽しみを否定するつもりは毛頭ありません。しかし、部品ひとつひとつにこだわりを持って開発、ロンドン市内で組み上げられているブロンプトンに、交換すべきパーツがあるかはいささか疑問です。誕生以来、長い年月を積み重ねた現在もなお、完成度を高めるべく進化し続けているブロンプトン。その価値を理解した上であえてカスタムを楽しむのも、また一興かもしれませんね。

『自転車日和』編集部

Mk1の特徴でもあるへの字型のメインフレーム、ステムに溶接されたハンドルバー、キャリアと一体化したリアフレームはその後、改良される。クランクを中央部でひねり（軸を90°回転させて）ペダル分の厚さを抑える機構もそのひとつで、Mk2以降は折りたたみ式ペダルが採用された。

PART 1

デイリーメンテナンス
Daily Maintenance

▼

タイヤの空気圧を確認するほか日常的な乗車前点検、定期的なクリーニング＆各部への注油は、自転車の安全性を維持するだけでなく、大切な愛車の寿命を延ばすためにも欠かせない項目です。細かくチェックすることで、良好なコンディションを保つことができます。

*1　タイヤの空気圧チェック

　自転車と気持ちよくつき合っていくために欠かすことのできない日々の確認事項、それがタイヤの空気圧チェックです。タイヤの空気は風船と同じように、乗っていなくても少しずつ減っていきます。空気圧が規定値に満たない場合、こぎが重くなるだけではなく、パンクするリスクが急激に高まります。ちなみにパンクの原因の70%が空気圧不足だといわれているくらいです。逆に、空気圧管理をしっかりしていれば快適な乗り心地を味わうことができます。毎日乗る人であれば週に1度、乗る頻度が高くなければ乗るたびにチェックしたいポイントです。

1 タイヤを押してみて、空気が入っているようでも適正空気圧に達していないこともあるため、定期的に空気を充填する。

2 はじめにチューブのバルブキャップを反時計回りに回して外す。

3 こちらがキャップを外したブロンプトンのバルブ（米式）。ちなみに空気を充填しすぎたときやタイヤの交換作業をするときなど、チューブ内の空気を抜きたいときは、バルブ中央の突起を先の細いもので押し込む。

4 ポンプのヘッド（口金部分）をバルブに差し込む。固定方法はポンプの種類やメーカーによってさまざまなので注意が必要。

5 今回、作業に使用したポンプの場合、差し込んだときにカチッとクリック感があれば固定はOK。

仏式バルブのチューブを採用するT LineおよびP Lineの場合

こちらがキャップを外した仏式のバルブ。TラインやPライン（初期のモデルを除く）のチューブに採用されている。

バルブコアの頭を指でつまみ、ネジを緩めるように反時計回りに回す。

回転が止まるまで緩めたら、バルブコアの頭を瞬間的に押し込む。「プシュ」と音がしたらOK。米式と同様、仏式バルブ対応のポンプヘッドを差し込む。

6 ポンプのハンドルを押し込むことで空気を充填していく。

7 空気圧のゲージが備わったポンプの場合、ゲージをチェックしながら指定されている数値まで空気を充填する。ポンプにゲージが付いていない場合、別途エアゲージ単体を購入する必要がある。空気が指定された数値の範囲内に達したらバルブからポンプのヘッドを外し、バルブキャップを締めれば空気の充填作業は完了。

ブロンプトン純正タイヤの指定空気圧			
タイヤの種類	SCHWALBE MARATHON RACER	SCHWALBE KOJAK	SCHWALBE ONE	Continental Contact Urban
空気圧	65〜110psi	70〜115psi	65〜100psi	MAX 116psi

※空気圧が高いほどタイヤは硬くなり走りは軽快になるが、その分乗り心地が悪くなったり、車体が跳ねやすくなったりする。逆に数値が低いとタイヤが柔らかくなり振動吸収性が高まることで乗り心地は良くなるが、走りは重くなる。指定空気圧の範囲内で、好みの乗り味を探ってみても良いだろう。

タイヤの指定空気圧は一般にタイヤの側面に記載されている。

ポンプの固定方法はさまざま

ヘッドを差し込んでからレバーを締めて固定するタイプ。

ヘッドを差し込んでからレバーをおこして固定するタイプ。レバーを倒して固定する逆タイプもあり。

*2 乗車前チェック

ボルト類のわずかな緩みが大きなトラブルの原因になりかねない自転車。少し大げさに聞こえるかもしれませんが自転車は命を運ぶ道具です。整備を怠ることは自分の身を危険にさらすだけでなく、周囲の人を傷つける事故へもつながります。しかし、乗車前のちょっとしたチェックを日課とすることで、それらを未然に防ぐことができるのです。そのためにはしっかりと目視すること、耳や指先から異音やガタつきを感じ取ることが大切。そして自分の手に負えないと感じたら、乗車することを避け、専門店のスタッフに相談してください。

自転車を落として音をチェック

手でハンドルを引き上げて前輪を10数センチほど地面から浮かせる。

ハンドルから手を離して前輪を地面に落とす。このとき異音がないかをチェック。ガタつく音が聞こえたら、ヘッドパーツやフロントホイールを固定しているナットが緩んでいる可能性も。

同じくサドルを引き上げて後輪を10数センチほど地面から浮かせる。

サドルから手を離して後輪を地面に落とす。このとき異音がないかをチェック。ガタつく音が聞こえたら、リアホイールを固定しているナットやキャリアを固定しているボルトが緩んでいる可能性も。チェーンが暴れる音が大きいと感じたときは、チェーンが伸びている可能性もある。

ブレーキの効き具合をチェック

まず右手のブレーキレバーだけを握って自転車を前後に揺すってみる。前方に動いてしまうようであれば前側ブレーキの調整が必要だ。また、ガタつきを感じたときは、ヘッドパーツが緩んでいたり、ホイールを固定しているナットが緩んでいる可能性がある。次に左手のブレーキレバーだけを握って自転車を前後に揺すってみる。後方に動いてしまうようであれば後ろ側ブレーキの調整が必要。ガタつきを感じたときは、ホイールを固定しているナットが緩んでいる可能性も。

ハンドルのガタつきをチェック

右のブレーキレバーを握ったまま、タイヤを地面に押し付けるようのハンドルを左右に振ってみる。ガタつきを感じたり、動きが渋かったりするときは、ヘッドパーツが緩んでいたり、逆に締まりすぎている可能性がある。また、ゴリゴリとした違和感があれば、ヘッドパーツ自体に問題が生じている場合も。

クランク＆BBの ガタつきをチェック

クランクを握り、前後左右また上下にも力を入れて動かしてみる。ガタつきを感じる場合はBBに対する固定があまくなっているか、BB自体に問題が生じている可能性が高い。併せて、クランクに対するペダル軸の固定が緩んでいないかも確認しておきたい。

サドルのガタつきをチェック

サドルを左右に揺すってみる。サドルの向きが動いてしまうときはシートクランプがきちんと締まっていない場合があるので、クイックレバーをしっかりと閉じる。上下に揺すってみてサドルの角度が変わってしまったりガタつきを感じたりしたときは、ペンタクリップの固定ボルトが緩んでいる可能性が高い。きしみ音が出る場合は、ペンタクリップとサドルレールが接する部分に潤滑系スプレーを塗布したり、サドルレールの固定位置をずらすことで解消できることもある。

シートクランプのクイックレバーが完全に閉じているかチェックする。

ヒンジクランプの緩みをチェック

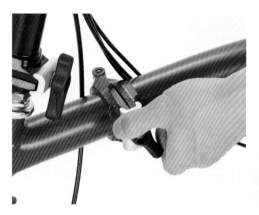

ブロンプトンならではの乗車前チェックポイント、2カ所のヒンジクランプ。ハンドルステム、メインフレームともに車体を構成する重要部位でもあるため、ヒンジクランプは確実に締め付けておかなければならない。もしもレバーが動かないところまで締め付けてもヒンジやヒンジクランプにガタつきが見られる場合、ヒンジクランププレート等を交換する必要がある。カスタム用の社外ヒンジクランプを装着した車両に発生する確率が高いため、ヒンジクランプは純正品の使用を推奨したい。

目視でチェックできるチェックポイント

トラブルの卵たちが目視によって発見されるケースは少なくありません。2年に1度の車検が義務づけられているクルマやモーターサイクルと異なり、自転車は所有者が自己責任で車両の健康状態を維持しなくてはならないため、大げさなチェックリストまで作らずとも、走り出す前にさっと車体を眺める習慣くらいはつけておきたいものです。

 タイヤ

地面に接している部分はもちろん、サイドを含めてタイヤに異物が刺さっていたり、傷がついたりしていないかは目視でチェックできる。異物や大きな傷を発見した場合は、タイヤおよびチューブの交換が必要になることも。

➡**交換作業はP45へ**

 **チェーン**

チェーンの一部がへの字の状態で固まっていたり、プレートの変形箇所が見つかった場合は要注意。コマ飛びによりチェーンが脱落、破断する可能性があるため、早めに交換したい。

➡**交換作業はP91へ**

✓ **ブレーキ**

ブレーキシューは消耗品と考えるべきで、一定の距離を走れば必ず寿命を迎えるため、使用限界が来る前に交換する必要がある。限界を超えて使用すると制動力が得られない上、リムを破損する恐れもあるので要注意。

➡**交換作業はP88へ**

パッド部分の溝がなくなる前にブレーキシューを交換する。

*3 サドルの高さの調整

サドルの高さは、高すぎても低すぎてもペダルに乗せた足が回しづらくなるため、適正な高さに合わせる必要があります。しかしながら、身長や体の柔軟性、筋力などの差、自転車とのつき合い方によっても、ベストなサドルの高さは変わってくるため、正解を見つけることは難しい。まずは基本的なサドル高の目安を覚えて、少しずつ自分の好みに合わせて調整していきましょう。

クランクを下死点（ペダルの踏面がサドルの座面から一番遠くなる位置）に合わせ、ペダルにかかとを乗せた状態でひざが真っすぐ伸びるようにサドルの高さを合わせる。これがスタンダードなサドル高の合わせ方。

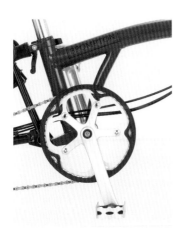

クランクを下死点に合わせた状態。

実際にこぐときは足の裏の母指球付近でペダルを踏むため、ひざがわずかに曲がる程度の余裕が生まれる。

スムーズにペダルをこぐためのサドルの高さは、軽快車（ママチャリ）に比べると高いため不安を感じるかもしれない。そのため、慣れるまでは、サドルに座った状態で両足のつま先が地面に届くくらい、低めにセットしてもいいだろう。

*4 洗浄および注油

前項の乗車前チェックにて目視することの大切さに触れましたが、洗浄時ほど車体各部を細かくチェックできるタイミングはそうそうありません。きれいに洗車するのと同時に、ボルトの緩みやワイヤーのほつれ、フレームや部品に傷や破損がないかを併せて確認することで、安全性が高まります。また、各種レバーやヒンジをはじめとする可動部への注油は、操作がスムーズになることはもちろん、車体の寿命を延ばす結果にも繋がります。洗浄&注油は、自転車の健康状態を保つために不可欠なメンテナンスのひとつです。

洗車をはじめる前に

室内で洗車をする場合は、大きめの段ボールやレジャーシートなどを敷いて、あらかじめ作業場所を養生しておく（屋外でも集合住宅の共有スペース等では同等の配慮を心がけたい）。写真のようなメンテナンススタンドが用意できれば、車体を展開した状態で自立させられるために作業がしやすい。ちなみに洗車は、油脂汚れが強い車体下部から上方に向かって進めていくのが基本。

チェーンの洗浄作業

油分で覆われたチェーンまわりには、砂やほこり、金属の粉など頑固な汚れが付着しやすい。

チェーン
クリーナー　ブラシ　フォーミング
クリーナー　ウエス

① クランクを回しながらチェーンにチェーンクリーナーをぐるっと1周吹き付ける。目安はクランク2回転くらい。

② こびりついた汚れはブラシを使用してかき出していく。

③ チェーンと併せてテンショナーのプーリーとリアスプロケットの汚れもブラシでかき出す。

④ 汚れが浮き上がったらチェーンをウエスで押さえ、フォーミングクリーナーを吹き付ける。

⑤ ウエスでチェーンを拭き上げる。水場で洗車できる場合は水で洗い流し、乾いた布で水分を拭き取る方法でもOK。

⑥ チェーンがきれいになった状態を確認。

⑦

フォーミングクリーナーを染み込ませたウエスでチェーンリングとテンショナーまわりもきれいに拭き上げる。ほかの車体各部を洗浄した後、チェーンの注油作業に入る。

フォーミング　ウエス
クリーナー

ホイールの洗浄作業

路面から巻き上げられた砂やほこりだけでなく、ブレーキダストも加わり汚れが目立ちやすい。

① リムにフォーミングクリーナーを吹き付ける。

② 汚れを浮き上がらせつつウエスで拭き取る。

③ フォーミングクリーナーが染み込んだウエスでスポークを
拭き上げる。

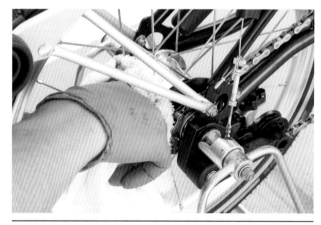

④ ハブも同様に拭き上げる。

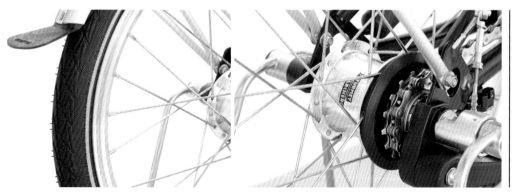

⑤ ホイールまわりが輝きを
取り戻すとまるで新車の
ような印象に。

車体各部の洗浄作業

ブレーキダストが付着するブレーキまわりや車体の顔となるフレームはこまめに磨き上げたい。

1 ブレーキ本体にフォーミングクリーナーを吹き付ける。

2 汚れを浮き上がらせつつウエスで丁寧に拭き取る。

3 ブレーキのダストが取り除かれた美しいブレーキまわり。

4 フォーミングクリーナーをフレーム本体およびハンドルステムに吹き付ける。

5 汚れを浮き上がらせつつウエスでしっかり拭き取っていく。

6 車体の顔ともいえるメインフレームはきれいな状態を保ちたい。

ヒンジまわりの洗浄と注油作業

汚れに気づきにくいヒンジ部分は放っておくと動きがシブくなることも。定期的に洗浄したい。

使用するアイテム

パーツ
クリーナー

フォーミング
クリーナー

ウエス

グリース
（スプレー・固形）

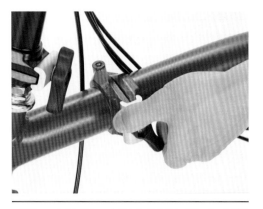

① メインフレームのヒンジクランプレバーを反時計回りに回していき、ヒンジクランププレートを完全に抜き取る。

P Line および T Line の場合

自動調心ヒンジが採用されているPライン（初期モデルを除く）とTラインは、レバーを回しただけではヒンジクランププレートを取り外せない。3ミリのアーレンキーを使って内側のボルトを抜き取る作業が必要だ。このボルトは通常のボルトとは逆方向（時計回り）に回して緩めるため要注意。またプレートとレバーはCクリップで固定されているがCクリップの取り外しはデリケートな作業なので、なるべくショップに依頼してもらいたい。取り付ける際はプレートの向きを間違えないように。

② ヒンジクランプレバーのボルトをパーツクリーナーにて洗浄。ネジ山に詰まっている古いグリース汚れを落とす。

③ ヒンジクランプレバーの内側も同様に。

④ ヒンジクランプレバーのボルト＆プレートにフォーミングクリーナーを吹き付け、ウエスで汚れを拭き取る。

⑤ ヒンジクランプレバーのボルトを受けるフレーム側のネジ穴もパーツクリーナーにて洗浄。古いグリース汚れを落とす。

⑥ 流れ出た汚れをウエスで拭き取る。併せてヒンジクランププレートが接するヒンジ部分もきれいに。

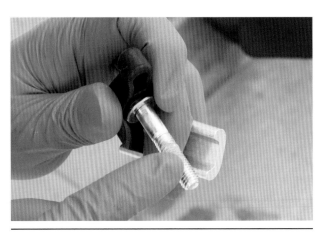

7 ヒンジクランプレバーのボルトに新しいグリースを塗布する。ネジ山部分はなるべく丁寧にまんべんなく。

8 ヒンジクランププレートの内側にも新しいグリースを薄く塗布する。

9 ヒンジクランプレバーを時計回りに回してヒンジクランププレートを元の状態に戻す。ボルトが斜めに入らないように注意！

10 ヒンジの穴からスプレータイプのグリースを注入。

11 ヒンジの隙間にもスプレータイプのグリースを注入してメインフレームの作業は完了。

12 引き続きハンドルステムのヒンジに対しても、メインフレームのヒンジと同様の洗浄＆注油作業をおこなう。これらのヒンジはブロンプトンの折りたたみ機構を担う重要な部位であるため、定期的な作業の実施を心掛けたい。

チェーン
ルブ　　ウエス

チェーンの注油作業

チェーン駆動の抵抗を減らすだけでなくサビの防止にもなる注油作業。洗浄とセットで行いたい。

1 作業中にチェーンルブが飛散しないように段ボール等で車体を養生しておく。

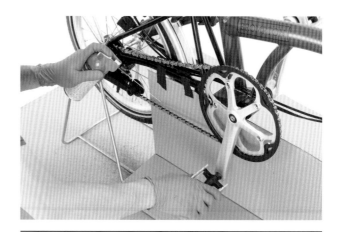

2 スプレータイプのチェーンルブをチェーンに吹き付けながらクランクを回す。目安は2回転ほど。

3 リキッドタイプのチェーンルブを使用する場合は、1コマずつチェーン全周にもれなく塗布していく。

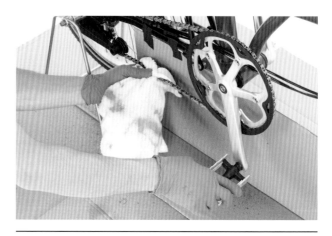

4 チェーンルブがチェーン内部に浸透するまで5〜10分程度待つ。その後、チェーン外側の余分なチェーンルブをウエスでしっかりと拭き取って完了。

5

チェーンの洗浄＆注油は自転車にとって特に重要なメンテナンスポイント。作業前と作業後ではチェーンノイズが低減するだけでなく、ペダリングの軽快さに明確な差が出ることも少なくない。

PART 2

タイヤ Tires
ホイール Wheels

▼

何百という部品で構成されている自転車の中で、唯一地面と接しているタイヤ。常に地面と接することで消耗する部品であり、自転車のトラブルを代表するパンクを引き起こすことも。タイヤ＆ホイールの着脱は、出先でのパンクトラブルに慌てず対処するための必須項目といえます。

作業をはじめる前に

タイヤおよびチューブの交換作業をおこなう際、車両の天地をひっくり返したり、メンテナンススタンドに下げたりする必要はなし。リアフレームを折りたたんだ状態でタイヤの着脱作業が可能であることも、ブロンプトンの長所のひとつ。

▎使用するアイテム

純正ツール
キット

フロア
ポンプ

*1 フロントホイールおよびタイヤ&チューブの外し方

➡P LineおよびT LineはP64へ

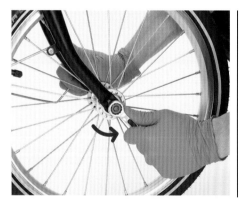

1 フォークをしっかり押さえ、アクスルナットに15ミリスパナを掛ける。ナットを正面から見た状態で反時計回りに回し、少し緩める。

2 右側と同様に左側のアクスルナットも少し緩める。左右均等に少しずつ緩めていくとハブ軸が共回りしにくい。

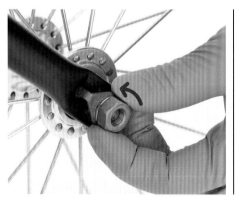

3 右側のアクスルナットを指で回し緩めていく。

4 アクスルナットは回り止めワッシャーが外れるところまで緩めるが完全には外さない。

回り止め
ワッシャー

5 左側はナットとワッシャー、マッドガードのステー、すべてを取り外す。

ナットとワッシャー類は装着順がわからなくならないように並べておく。作業に入る前に分解前の写真を撮っておけば安心だ。

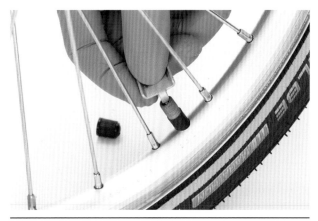

6 チューブのバルブキャップを外し、先端の細い工具などでバルブ中央の凸部を押し込む(ここでは外した回り止めワッシャーを使用)。空気が抜け切るまで押し続ける。

7 バルブから空気が出なくなったら、フォークを軽く持ち上げて前輪ごと車体から抜き取る。

8 前輪を抜き取った状態でも折りたたんだブロンプトンの車体は自立可能だ。

9 タイヤの側面を親指で押して、タイヤのビードをリムのビード座から引きはがす(一般に「ビードを落とす」という作業)。ビードを落としつつタイヤを1周させ、片側のビードが完全に外れたら、反対側も同様の作業をする。

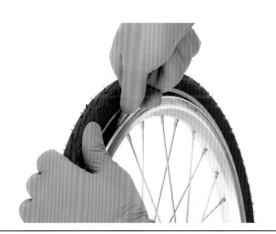

10 リムとタイヤの隙間にタイヤレバーを差し込む。ブロンプトン純正ツールキットのタイヤレバーを使用する場合、はじめは2本重ねた状態で差し込む。一般的なタイヤレバーを使用する場合は1本でOK。

*1　フロントホイールおよびタイヤ&チューブの外し方

⑪ テコの力を利用して差し込んだタイヤレバーを倒し、タイヤのビードをリムの外側まで押し出す。

⑫ 下側のタイヤレバーのフックをスポークに引っ掛けてタイヤレバーを固定する。

⑬ 固定したタイヤバーから10センチほど位置をずらし、もう片方のレバーをタイヤとリムの隙間に差し込む。

⑭ ⑪の作業と同様にタイヤレバーを倒し、タイヤのビードをリムの外側まで押し出す。

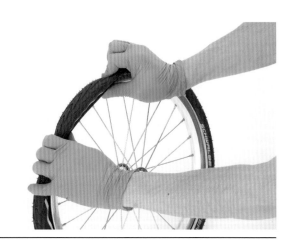

⑮ さらに数センチずつずらしてタイヤのビードをリムの外側に押し出していく。

⑯ タイヤのビードがある程度リムの外側まで出たら、残りは指をリムとビードの隙間に差し込んでいけば簡単に外せる。

17 片側のビードを完全に外したら、隙間からチューブを引き出していく。バルブと遠い部分から作業する。

18 ほぼ1周チューブを引き出したら、バルブ部分のタイヤをめくりバルブを引き抜く。

19 片手でタイヤをめくった状態でバルブを下から押し込むとスムーズに抜き出せる。

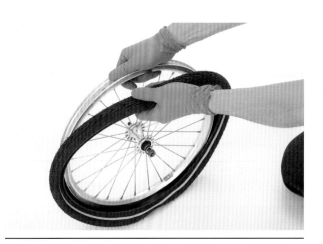

20 タイヤを交換するときなど、タイヤを完全に外す必要がある場合は、片手でリムを押さえ、もう片方の手でリムからタイヤを引き離す。

21

パンクでチューブのみを交換する場合は、タイヤを完全に外す必要はない。パンクの原因らしき異物が刺さっていないか、タイヤの内側を少しずつ触って確かめる。併せて、表面に異物や傷がないかを目視でチェック。

パンクの原因がリムテープにある場合も!?

リムテープの傷や変形（スポーク穴に合わせて大きく凹んでいるなど）はパンクを引き起こす原因のひとつ。タイヤやチューブを交換する際にはリムテープのチェックも忘れずに。また、痛んでいるようであれば交換を。

*2　フロントタイヤおよびチューブの取り付け方

新品のチューブを用意する

パンク修理用のパッチでチューブを補修するケースもあるが、時短の対処法の王道はチューブ交換。ブロンプトンのタイヤサイズに適合するチューブを用意する。

① タイヤに問題がなければ新しいチューブに交換する。タイヤを交換する場合は、交換前と同じ向きになるよう回転方向（ローテーション）を確認する。ローテーションはタイヤ側面に矢印等で記載されている。

② 外したときと逆のプロセスで、片側のビードをリムの内側にはめ込む。

③ タイヤのロゴとバルブの位置を前後輪でそろえておくと、自転車の見栄えがワンランクアップする。

④ 新しいチューブには少しだけ空気を入れておく。この作業によってチューブをタイヤに入れやすくなる。

⑤ チューブを外したときと逆のプロセスで、まずリムのバルブホールにチューブのバルブを差し込む。

6 タイヤとリムの隙間に新しいチューブを押し込んでいく。

7 バルブの位置を中心として、ねじれないよう注意しながらチューブをタイヤの中に入れていく。

8 チューブがすべてタイヤの中に収まったら第一段階は終了。

9 タイヤのビードとリムの間にチューブが挟まらないよう、バルブを指で軽く押し込む。

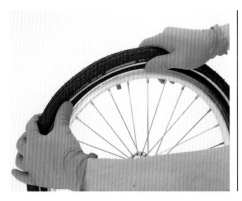

10 バルブ位置をスタート地点として、タイヤのビードをリムの内側に押し込んでいく。親指の腹を使うと作業しやすい。

11 バルブ位置を中心として、左右均等に少しずつビードを押し込む。

*2　フロントタイヤおよびチューブの取り付け方

12 最後の10数センチをリムに収めるときはそれなりに力が必要だが、ブロンプトンの純正タイヤの場合、指の力だけでも十分装着できる。タイヤレバーを使用して装着する際は、差し込んだタイヤレバーがチューブをかみ込まぬよう、注意して作業する。

13 ビードが1周、リムの中に収まれば第二段階まで終了。指の力で入り切らないときは、雑巾を絞る要領で手の平を使って押し込む。

14 タイヤのビードとリムの間にチューブが挟まっていないかをチェック。チューブが挟まった状態やねじれた状態のまま空気を充填すると、そのままパンクする可能性もあるので要注意。

15 反対側もタイヤ1周丁寧に確認する。

16 バルブ部分のタイヤを上から押してバルブを引き出す。この作業によってバルブ付近のタイヤのビードをリムに密着させやすくする。

17 空気を入れるとブレーキキャリパーにタイヤが引っかかるため、空気が入っていない状態で車体に車輪を取り付ける。

18 フォークのエンドにホイールのアクスルが確実にはまるようにセット。

19 右側フォークの回り止めワッシャーを元の位置に戻して、アクスルナットを時計回りに回し軽く締め込む。

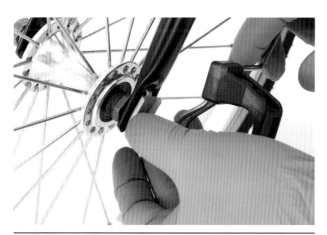

20 続いて左側のアクスルをフォークに固定する。まずは外してあった回り止めワッシャーを元の位置に戻す。

21 次にマッドガードのステーを。

22 その次にワッシャーを追加。

23 最後にアクスルナットを加え、指で回して仮止めする。

*2 フロントタイヤおよびチューブの取り付け方

24 ポンプのヘッドを
チューブのバルブ
に固定。

25 タイヤがつぶれた状
態だとチューブが均
等に膨らまないため、
片手で軽く車体前
部を持ち上げて空気
を入れていく。

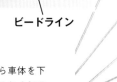

ビードライン

26 ある程度空気が入ったら車体を下
ろし、両側全周に渡ってタイヤの
ビードがリムのビード座にはまる
までしっかりと空気を充填(一般に
「ビードを上げる」という作業)。ビー
ドが上がる際は、タイヤからポコポ
コ(硬いタイヤの場合、パンパン)と
音がするのでわかりやすい。

27 ビードのラインがリムの外側に見えている
かチェックする。両側全周に渡って目視でき
ればOK。一部でもリムの内側に隠れていた
ら、面倒でも再度チューブを入れるところか
ら作業をやり直すべし。

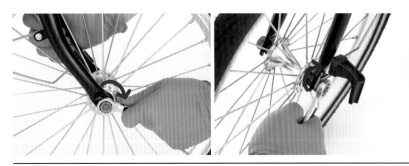

28 左右のアクスルナットを交互かつ均等の力できっちりと締め込んでいく。

29 バルブキャップを取り付けたら作業は完了。

*3 リアホイールの外し方 ➡P LineおよびT LineはP65へ

1

右側のシフターの
インジケーターを3
に合わせて、内装変
速のインナーケー
ブルを緩める（M3L、
M6L、M6R、S6L の
場合。C ラインアー
バン、S2L は P56の
❾から作業を開始）。

2

内装変速を機能さ
せるインジケーター
チェーンが緩んで
いることを確認。

3 インジケーターチェーンとギアケーブルアンカーバレル
はロックナットで固定されている。

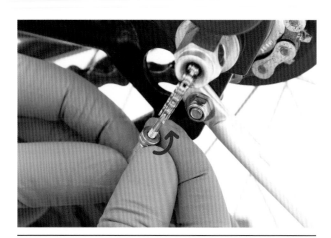

4 ロックナットを指で反時計回りに回して緩める。

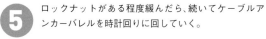

5 ロックナットがある程度緩んだら、続いてケーブルア
ンカーバレルを時計回りに回していく。

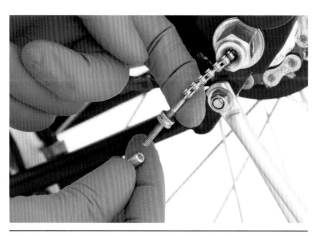

6 インジケーターチェーンとケーブルアンカーバレルが
完全に切り離される。

*3　リアホイールの外し方

7 インジケーターチェーンを反時計回りに回して緩める。

8 インジケーターチェーンと繋がっているインジケーターロッドを完全に抜き取る。

9 チェーンテンショナーナットに15ミリスパナを掛け、反時計回りに回して緩める（Cラインアーバン、S2Lはここから作業を開始）。

10 スパナを使ってある程度まで緩めたら、指で回す。

11 チェーンテンショナーナットを抜き取るとワッシャーが見える。

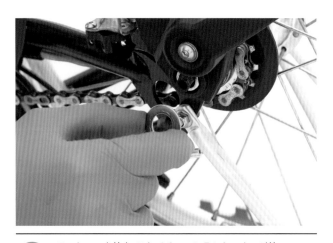

12 ワッシャーを外す。これでチェーンテンショナーが外せる状態に。

13 チェーンテンショナーを手前に引き抜く。

14 チェーンテンショナーに掛かっているチェーンを外す。

15 チェーンはリアフレームの外側に置く。

16 15ミリスパナを使い、ホイールをリアフレームに固定しているアクスルナットを反時計回りに回して緩める（完全には外さない）。

2speed

17 反対側のアクスルナットも同様に緩める。

18 アクスルナットとフレームエンドの間に回り止めワッシャー（外装2段変速モデルは平ワッシャー）が見える。

*3　リアホイールの外し方

19 回り止めワッシャーを手前に引きフレームエンドから外す。

20 反対側の回り止めワッシャーもフレームエンドから外す。

21 チューブのバルブキャップを外し、先端の細い工具等を使ってバルブ中央の凸部を押し込む。ブレーキキャリパーにタイヤが引っかからない程度まで空気を抜いておく。

22 ホイールをゆっくりと持ち上げ、フレームエンドから離していく。

23 アクスルシャフトやスプロケットでフレームに傷をつけないよう気をつけて車輪を抜き取る。タイヤやチューブを交換する場合は、P47の❾〜と同様の作業へ。

*4 リアホイールの取り付け方 ➡ P LineおよびT LineはP66へ

1 車輪をフレームに取り付ける。車体の右側にはチェーンリングがあるため、左側からの方が入れやすい。

2 タイヤがブレーキキャリパーに引っかからないよう、タイヤを指で潰しながら装着する。

3 ホイールのアクスルシャフトをリアフレームのエンドに合わせて置く。

4 回り止めワッシャーをはめこむ（外装2段変速モデルは平ワッシャー）。

5 外したときと逆の工程でアクスルナットを15ミリスパナにて固定。逆側も同様に、回り止めワッシャーを取り付けてアクスルナットを締め付ける。

NG

回り止めワッシャーには天地を指定する「TOP」という文字が刻まれているが、作業時はリアフレームを折りたたんだ状態なので、「TOP」の文字が上にある取り付け方はNG。

*4 リアホイールの取り付け方

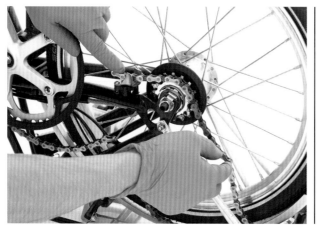

6

チェーンをリアスプロケットに掛ける。ディレイラーのウイングプレートが外側を向いていたら（シフトレバーがトップ側）、ウイングプレートの間を通しトップ側のスプロケット（小さい方）に掛ける。ディレイラーのウイングプレートが内側を向いていたら（シフトレバーがロー側）、ウイングプレートの間を通しロー側のスプロケット（大きい方）に掛ける。

ここがブロンプトンの
外装変速用ディレイラー！

7 チェーンテンショナーをアクスルシャフトに取り付ける。

POINT

前側のプーリーがウイングプレートの間に
収まるように。

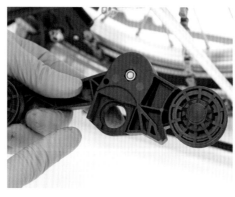

POINT

チェーンテンショナーの
裏側の凹部を
回り止めワッシャーに
合わせる。

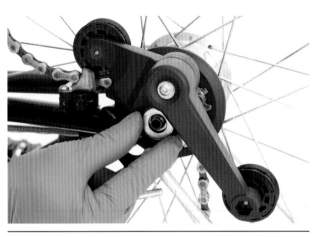

8 アクスルシャフトにワッシャーを通す。

9 チェーンテンショナーナットを指で回るところまで時計回りに締め込んで固定。

10 たるんでいたチェーンを持ち上げる。

11 後ろ側プーリーのアームを前方向に倒し、プーリーにチェーンを掛ける。

12 チェーンテンショナーナットを15ミリスパナで締め込んで後輪をリアフレームに固定。逆側も同様に作業する。

13 ポンプのヘッドをチューブのバルブに固定してリアタイヤに空気を充填する。空気圧が規定値まで達したら、ビードのラインが見えているかをチェック。外装2段変速モデルはここで作業完了。

14 インジケーターロッドをチェーンテンショナーナットの穴からハブの内部に向かって差し込む。

15 インジケーターチェーンを時計回りに回してインジケーターロッドとハブを固定する。まずはインジケーターチェーンが回らなくなるところまで締め込む。

16 インジケーターロッドがしっかりとハブに固定されたことを確認。

17 インジケーターチェーンが上下に曲がらない向きではケーブルアンカーバレルに繋ぐことが難しいため、反時計回りにひねり（半回転以内）、ケーブルアンカーバレルと繋ぎやすい向きに合わせる。

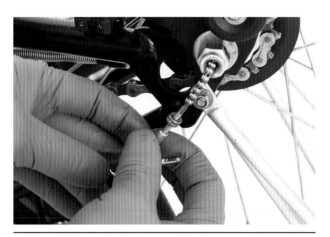

⑱ インジケーターチェーンとケーブルアンカーバレルをつなぎ、変速調整作業に入る。まずはシフターを「2」の位置に合わせる。

【シフターが「2」のとき】チェーンテンショナーナットの窓穴から確認したときに、アクスルシャフトの端とインジケーターロッドの肩部分がそろうように（肩部分の突き出しは1ミリ以内）、ケーブルアンカーバレルを回して調整する。※下図を参照

【シフターが「3」のとき】窓穴からチェーン部分のみが見える状態。

【シフターが「1」のとき】窓穴からインジケーターロッドのみが見える状態。

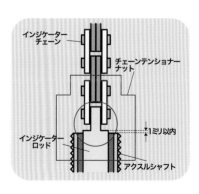

インジケーターチェーン
チェーンテンショナーナット
インジケーターロッド
1ミリ以内
アクスルシャフト

⑲

ケーブルアンカーバレルの調整が終わったら、インジケーターチェーンとケーブルアンカーバレルが動かないように、ロックナットを締め込んで作業は完了。

*5　フロントホイールの外し方

P LineおよびT Lineの場合

1 フォークをしっかりと押さえ、スキュワーに5ミリのアーレンキーを掛ける。右側正面から見て反時計回りに回し、少し緩める。

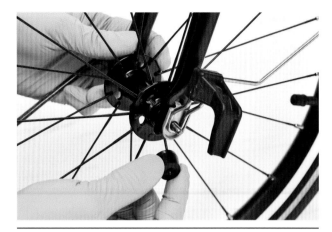

2 左フォーク側のナットを指で回して抜き取り、右フォーク側からスキュワーを引き抜く。マッドガードのステーと回り止めワッシャーも外しておく。

3 米式バルブの場合は、先が細い工具などで空気が抜けるまでバルブ中央の凸部を押し込み続ける。仏式バルブの場合は、バルブコアの頭を緩めてから空気が抜けるまでバルブコアの頭を押し続ける（P32を参照）。

4 バルブから空気が出なくなったら、フォークを軽く持ち上げて前輪ごと車体から抜き取る。取り付け方は逆工程を辿ればOK。

P Line

Pラインはスキュワーのほか、左右に脱落防止ワッシャーが使用されている。左側の脱落防止ワッシャーはタブ付きとなるため、左右を間違えないように注意。

T Line

Tラインはフロントフックがスキュワーのナットの役割を果たしているシンプルな構造。脱落防止ワッシャーも使用されていない。

*6 リアホイールの外し方
P LineおよびT Lineの場合

1 クランクを回転させながらシフターのインジケーターを「4」に合わせ、あらかじめチェーンをトップギアに掛けておく。

2 リアフレームを折りたたんで車体を自立させたら、5ミリのアーレンキーをディレイラー側から後輪のスキュワーに掛け、反時計回りに回して緩める。

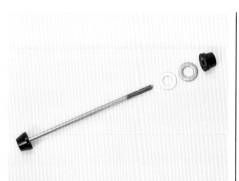

3 ディレイラーと反対側にあるスキュワーのナットを指で回して外し、スキュワーを抜き取る。スキュワーの向きとワッシャーの場所を忘れないように注意。

4 ディレイラーのテンショナーからチェーンを外す。

5 ディレイラーのプーリーからチェーンを外し、ディレイラー側から見て右下方にチェーンを軽く引き、チェーンの下側がたるんだ状態を作る。

6 タイヤの空気を抜いてから、右上方にリアホイールを持ち上げるように外す。

*7　リアホイールの取り付け方

P LineおよびT Lineの場合

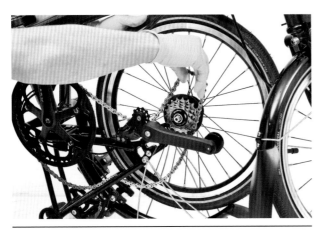

1 チェーンを片手で持ち上げながら、リアホイールのカセット側が手前を向くように、外したときと逆の工程でリアホイールをリアフレームに差し込んでいく。

2 カセットにチェーンを掛けたら、タイヤがブレーキシューの間を通るように気をつけながら、ハブ軸がリアフレームのエンドにはまるように取り付ける。

3 ハブ軸がリアフレームのエンドにきちんとはまっていることを確認する。

4 たんでいるチェーンを上方に引き上げる。

5 引き上げたチェーンをディレイラーのテンショナーに掛ける。

6 外したときと逆の工程でスキュワーを取り付け、5ミリのアーレンキーを使って確実に固定する。タイヤに空気を入れたら一連の作業は完了。

PART 3

ハンドル Handlebar
サドル Saddle
ペダル Pedals

▼

ハンドルとサドルとペダルは乗り手の体に直接触れる部分であるため、調整や交換前後の変化を明確に感じ取れる上、そのわずかな違いがよくも悪くも乗車フィーリングに大きく影響を与えます。乗り手の体格や好みに合った適正なセットアップを目指しましょう。

*1　ハンドルまわりの調整

車体のコントロールをつかさどるハンドルまわり。ノーマル状態で高い完成度を誇るブロンプトンではありますが、レバーの位置を微調整したり、握りやすいサイズのグリップへ交換したりすることで、オーナーの体格に合わせたり、好みに近づけることができます。簡単な作業で快適性が目に見えて向上することもあるのです。

ブロンプトンのハンドル形状は現在2タイプ

使用するアイテム
アーレンキー

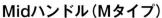

Midハンドル（Mタイプ）

Lowハンドル（Sタイプ）

ブロンプトンの現行ラインアップ（2023年11月現在）には、アイポイントの高いアップライトな乗車ポジションを生むMidハンドル、やや前傾したスポーティな乗車ポジションを生むLowハンドルのいずれかが装着されている。ハンドル高はMidが1015ミリ、Lowが935ミリで、それぞれハンドルステムの長さも異なる。
※Tラインを除く

ブレーキレバーの角度＆位置調整

現行モデルではシフターと一体化しているブロンプトンのブレーキレバー。標準ではレバーが下向きに装着されているため、小柄な人がMidハンドル装着車に乗る場合、操作しにくい面があるが、わずかにレバーを上向きに変えるだけで操作性が改善されることもある。またレバーの位置についても、レバーに掛ける指の本数によって、ハンドルの内側にずらすことが可能だ。いずれも調整範囲が限られているので、あくまで微調整用と考えてもらいたい。

ブラケットの固定ボルトに4ミリ（〜2016モデルは3ミリ）のアーレンキーを掛け、反時計回りに回してクランプを緩めるとブレーキレバーの角度および位置の調整が可能となる。角度および位置が決まったらブラケットを固定。走行中に動くことがないよう、確実にボルトを締め込む。

ブレーキレバーの角度

ノーマルの状態

レバーをやや上向きにした状態

レバーの上げすぎに注意！

レバーを上げすぎると折りたたむ際にケーブル類がフォークに干渉し、ハンドルバーキャッチにハンドルバーニップルが届かなくなるため、ハンドルステムをロックできなくなる。

ブレーキレバーの位置

ノーマルの状態

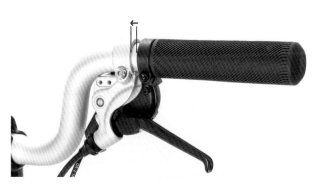

レバーを内側にずらした状態

レバーのずらしすぎに注意！

Midハンドルの場合、レバーの移動範囲は5ミリ程度を上限と考えておく（ブレーキのブラケットがハンドルに干渉するため）。旧タイプ（非ロックオンタイプ）の装着車は、グリップに干渉しない範囲で外側に移動させることもできる。

*1　ハンドルまわりの調整

ハンドルバーの角度調整（Midハンドル車）➡T LineはP82もあわせて参照

ハンドルバーはハンドルバーステムのクランプにボルト1本で固定されている。このボルトが緩んでいると大きな事故に繋がるため、締め付けトルクを計測する工具を所有していない場合、本項の作業は専門ショップに依頼する。

6ミリのアーレンキーを使用し、ハンドルバーステムのクランプボルトを反時計回りに回して緩めていく。ハンドルバーの角度を調整後、クランプボルトを確実に締め込む（締め付けトルクは18Nm）。

ノーマルの状態

ハンドルを手前側に少し倒した状態

→

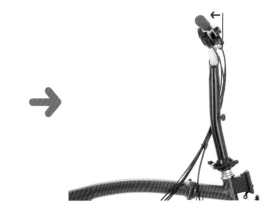

グリップ部分が体に近くなるため、ノーマル状態以上にアップライトな乗車姿勢となる。

ノーマルの折りたたみ形態

ハンドルを手前側に少し倒したときの折りたたみ形態

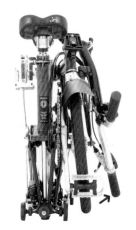

ハンドルを倒した分だけ折りたたんだときの幅が増えてしまうのが難点だ。

小柄な人には有効なセットアップ

ハンドルを倒した分、ブレーキレバーの角度が緩やかになる上、折りたたみ時に前輪とのクリアランスが増えるため、ブレーキレバーの角度調整の幅が広がる。折りたたみ形態での幅は増えてしまうが、小柄な人には有効なセットアップといえよう。

グリップの着脱

太さはもちろん、握ったときの感触でも好みが分かれるグリップ。消耗部品かつ着脱作業の難度も高くないため、比較的気軽にカスタムすることができるパーツだ。2017モデル以降のブロンプトンでは、アーレンキー1本で容易に着脱できるロックオンタイプのグリップを採用。より簡単な作業で交換できるようになった。2016モデルまでは、グリップがハンドルに接着されていたため、(接着剤の使用度合いにもよるが)グリップを交換する際には、カッター等でカットして取り外す必要がある。

ロックオンタイプ（2017モデル〜）

非ロックオンタイプ（〜2016モデル）

◎ロックオンタイプの着脱方法

グリップ内側の端にあるボルトを2.5ミリのアーレンキーを使い、反時計回りに回して緩める。

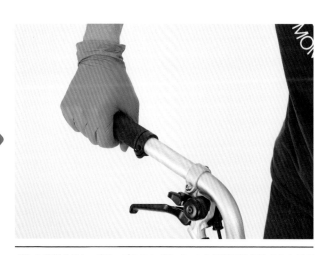

ボルトを緩めると、グリップをハンドルバーから簡単に引き抜くことができる。取り付けは逆の手順でおこなう。

*2　サドルまわりの調整 ➡ T LineはP82もあわせて参照

一般的なスポーツ自転車と異なり、コンパクトな折りた
たみサイズを実現するブロンプトンは、ハンドル位置の調
整幅が限られています。そのため乗り手の体格差を補う上
でも、サドル位置のセットアップは重要な項目。また、自分
の身体にジャストフィットするサドルを探し出して取り付
けるのも、自転車と長くつき合う秘訣のひとつです。

サドルの前後位置と角度の調整

使用するアイテム

アーレン
キー

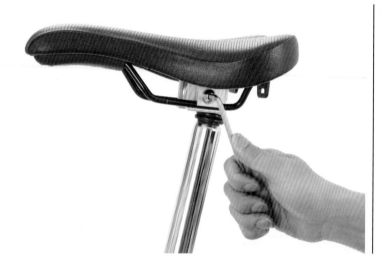

5ミリのアーレンキーを使い、
サドル下に見えるペンタク
リップ（ヤグラ）の固定ボル
トを反時計回りに1～2周回
して緩めていく。ボルトを完
全に抜いてしまうとペンタ
クリップが分解されてしま
うので要注意。

ボルトを緩めた状態では、サ
ドルの角度を自由に変える
ことができる。

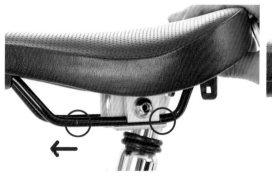

ボルトを緩めた状態では、サ
ドルを前後に移動できる。移
動可能な前後の範囲はサド
ルのレールに記されている。

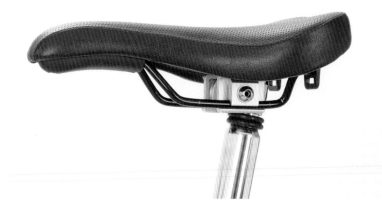

サドルの角度と前後位置が決まったら、ボルトを緩めたときと逆の手順でサドルが動かないようしっかりと締め込む。なお、左の写真のように、座面が水平で、ペンタクリップがサドルレールに記されている移動可能範囲の中央にある状態が基準となる。

乗り方の好みで
サドルの角度を変える

上体を前傾させたスポーティな乗車ポジションが好みであればサドルの角度はやや下向きにセットする。

上体を起こしたリラックス気味の乗車ポジションが好みであればサドルの角度はやや上向きにセットする。

体格に合わせて
サドルの前後位置を変える

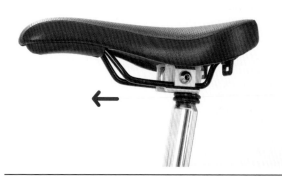

ハンドルが遠く感じる人はサドルを前方に移動することでポジション調整が可能。折りたたんだ状態がよりコンパクトになる。

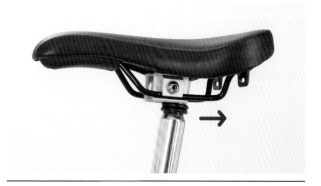

ハンドルが近く感じる人はサドルを後方に引くことでポジション調整が可能。折りたたんだ状態でのサドル突き出し量が増える。

サドルの交換

① 前項と同様、まずペンタクリップの固定ボルトを5ミリのアーレンキーで反時計回りに1〜2周回して緩める。そのままサドルをペンタリップごとシートポストから上方に引き抜く。

② ペンタクリップから固定ボルトと左右のプレートのみを分離させる。このときペンタクリップが完全に分解されないよう、指で左右から軽く押さえておく。

③ 交換する新しいサドルのレールに合わせて、サドルの後方からペンタクリップを差し込んでいく。

④ 外しておいた左右のプレートでサドルのレールを挟み、ボルトを時計回りに指で回してペンタクリップを固定する。

⑤ ある程度までボルトを指で締め込んだら、サドルの前後位置と角度を調整しながら、5ミリのアーレンキーで本締めする。

*2　サドルまわりの調整
ペンタクリップの活用方法

ペンタクリップ

2010モデル以降のブロンプトンには、ペンタクリップと呼ばれるオリジナルのヤグラが採用されている（2009モデル以前はオプションパーツ扱い。ただし、初期のスーパーライトモデルにはフィジークのサドルと共に標準装備されていた）。このペンタクリップを活用することでサドルの位置調整はもちろん、角度の無段階調整が可能となる。

サドルを交換するときと同じ手順でペンタクリップからサドルを抜き取り、ペンタクリップ両サイドの小さなプレートを天地が逆になるように入れ替え、サドルをペンタクリップの上側に固定する。

長めのシートポストに交換することなく、サドルの高さを2センチ上げることができる。

さらにペンタクリップを後ろ向きに固定、サドルをレールの限界値まで後方に引けばこの通り。長身の乗り手にも対応する。

一見するとシンプルなヤグラだが、分解してみると14点もの部品によって構成されているペンタクリップ。素材の異なる複数の金属プレートを重ねることにより、確実かつ無段階にサドルの角度を固定できる、画期的なパーツなのだ。

軽い締め付けでサドルを確実に固定する
ペンタクリップの画期的な仕組みとは？

*2　サドルまわりの調整
サドルハイトインサートの装着

　2015モデルから新車購入時の付属パーツとして追加されたサドルハイトインサートは、最大サドル高を任意の高さに固定できる便利なアイテム。展開時にベストなサドルの高さを探る必要がなくなるため、より短時間で乗車に移ることができる。

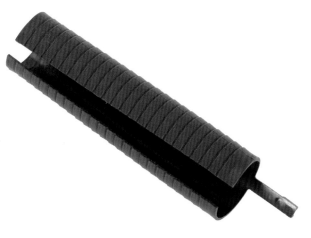

1 まず、乗り手の体格に合ったベストな乗車ポジションとなるようサドルの高さを合わせる（詳細はP37）。

2 シートポストが露出する最下部に剥がしやすいテープ等を貼って目印にする。

3 一旦シートクランプのクイックレバーを開き、シートポストが止まるまでサドルを引き上げた状態で再度固定する。

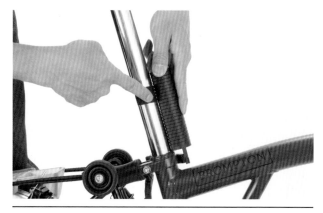

4 突起部分が下にくるようにサドルハイトインサートをシートポストに沿わせる。マーキングしたテープのラインがサドルハイトインサートをカットする位置となる。

5 はさみ等でサドルハイトインサートの余分な部分をカットする。

6 サドル交換時と同じ手順でサドルをペンタクリップごとシートポストから引き抜く。

7 シートクランプのクイックレバーを開き、車体を持ち上げるとシートポストが下側から抜ける。

8 サドルハイトインサートの突起部分が上側かつ後方を向くように、シートチューブ内に収める。

9 シートチューブの割り部分にサドルハイトインサートの突起が引っかかればOK。

10 シートポストを戻してサドルを装着。シートクランプのクイックレバーを開いた状態でサドルを引き上げれば、はじめに設定した位置よりサドルが上がらないことが確認できるはずだ。

Handlebar, Saddle & Pedals

*3 ペダルの着脱 ➡P LineおよびT LineはP81を参照

ブロンプトンは右側（チェーンリング側）には一般的なペダルを装着していますが、左側には独自の折りたたみ機能を備えたペダルを採用しています（現行PラインおよびTラインを除く）。左側ペダルの着脱にはペダルレンチが使えないため、アーレンキーを使用します。ペダルの交換は初級のカスタムメニューとしても手をつけやすい部分でもあります。

使用するアイテム

ペダルレンチ　アーレンキー　グリース

右ペダルの取り外し方

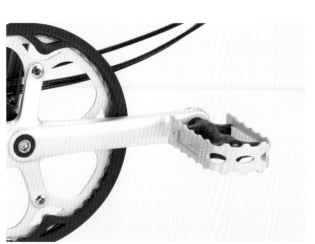

チェーンリング側には一般的なペダルが使用されている。

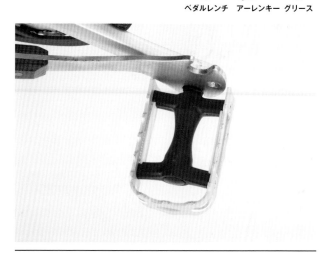

1 ペダルの踏み面とクランクの間の軸にペダルレンチを掛ける。

2 左側のクランクを左手でしっかりと押さえ、右手でペダルレンチを反時計回りに回して、ペダルの軸を緩める（P29参照）。

3 ペダルの軸が緩んだら、残りは指を使って。反時計回りに回していけば簡単に取り外せる。

左ペダルの取り外し方

1 左側のペダルを折りたたんだ状態にする。

2 表側に見える大きなボルトの穴に8ミリのアーレンキーを差し込む（2011モデル以前のブロンプトンの場合、24ミリのソケットレンチが必要）。

3 右手でチェーンリング側のクランクをしっかりと押さえて、左手でアーレンキーを時計回り（自転車の進行方向と逆に向かって）に回して緩める（自転車の左ペダルには逆ネジが使用されているため）。

4 ある程度緩んだら、ペダルを半分だけ展開状態に戻す。そのままアーレンキーの長辺側を使って、ペダル軸が完全に抜けるまで緩め続ける。

5 最後にペダルを開いてクランクから取り外す。

POINT ペダルを取り付ける際の注意点

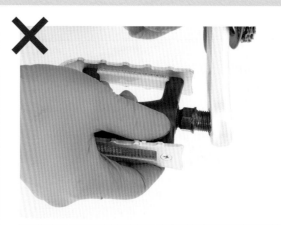

○

クランクへの焼き付きによる固着を防ぐため、ペダル軸のネジ山部分にグリースを塗布しておく。

×

ペダル軸はクランクの穴に対して垂直にねじ込んでいく。写真のように斜めの状態で無理にねじ込むとクランクを破損しかねない。

左ペダルの取り付け方

クランクの裏側から6ミリのアーレンキーを使用してペダルを取り付ける。アーレンキーはクランクの裏側から見て、時計回り（自転車の進行方向に向かって）に回して締め込んでいく。

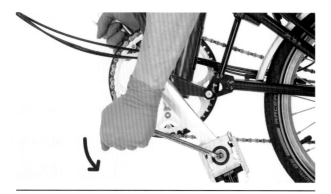

ペダル軸がある程度固定されたらペダルをたたみ、表側に見える大きなボルトの穴に8ミリのアーレンキーを差し込んで、反時計回り（自転車の進行方向に向かって）に力強く締め込んだら作業は完了。

右ペダルの取り付け方

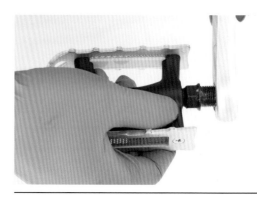

クランクの穴に対してペダルの軸が垂直になるように気をつけて、指で時計回り（自転車の進行方向に向かって）に回してペダル軸をねじ込んでいく。

ペダル軸が指で回らなくなるまで固定されたら軸にペダルレンチを掛け、時計回り（自転車の進行方向に向かって）に力強く締め込んだら作業は完了。

*4 ペダルの着脱

P LineおよびT Lineの場合

使用するアイテム

アーレンキー

Pライン（初期のモデルを除く）とTラインには、Cラインや従来モデルとは異なる軽量タイプのペダルが採用されています。左側のペダル本体は工具を使わず取り外しが可能で、外したペダルはフォーク裏側のマウントにマグネットで固定可能です。

1 左クランクに固定されているアダプターのボタンを左右から同時に押し込めば、工具を使わずにペダルを抜き取ることができる。

2 フォークの裏側には、外した左側のペダルをマグネットで固定できるマウントを装備。ワンアクションでの着脱が可能だ。

右ペダルの着脱

ペダルレンチを使用できないタイプのペダルであるため、着脱にはアーレンキーを使用する。クランクの裏側からペダルの軸に8ミリのアーレンキーを掛け、裏側から見て時計回りに回して緩める。取り付けるときは反時計回りに締め込む。

左ペダル用アダプターの着脱

クランクの裏側からペダルの軸に6ミリのアーレンキーを掛け、裏側から見て反時計回りに回して緩める。取り付けるときは時計回りに締め込む。

POINT

カーボンパーツに関する注意点 T Lineの場合

ハンドルバーやサドルなど、Tラインにはカーボン樹脂製の
パーツがいくつか採用されています。これらは金属製のパー
ツと異なり、取り付けには細心の注意を払う必要があります。
各ボルトの締め付ける力をメーカーが指定する数値と合わ
せることで、破損のリスクを回避できます。

使用するアイテム
トルクレンチ

カーボン樹脂製のパーツ
を取り付ける際に必須と
なる工具。ボルトを締め
込む力をあらかじめ指定
することができる。

ハンドルバーの位置調整

ほかのモデルと異なり、Tラインのハンドル
バーはステムに対して4本のボルトで固定さ
れている。プレートには向きがあるので要注
意(トルク表記が手前)。

ロゴマークや規定ラインがステムからはみ出し
ている調整範囲を超えて取り付けられた状態。

トルクレンチに4ミリのヘックスビットを取
り付け、指定された力(3Nm)でボルトを締め
込む。まず手前2本のボルトを締め込んでから、
進行方向側の2本を締め込む手順だ。

サドルの位置調整

PラインおよびTラインのペンタクリップは、
サドルのレール形状に合わせて組み付ける向
きの調整が必要となる。Tラインのサドルは
カーボンレールなので、ペンタクリップの楕
円マーク側にレールをセットする。

サドルのレールとペンタクリップが接する部
分には、あらかじめカーボンパーツ専用のグ
リスを塗布しておく。

トルクレンチに5ミリのヘックスビットを取
り付け、指定された力(10Nm)でボルトを締
め込む。

PART 4

ブレーキ Brakes
変速 Gears
チェーン Chain

〈走る、止まる〉という自転車が自転車たるための根本をつかさどる駆動系＆制動系パーツ。いずれも適正な調整を施すことによって、快適かつ安全な走行が約束されます。ブレーキのシューやチェーンは代表的な消耗パーツであるため、定期的なチェックが欠かせません。

*1　ブレーキレバーのリーチアジャスト調整

手の大きさや指の長さは人それぞれ。手のサイズに合ったブレーキレバー位置に調整することではじめて、確実なブレーキコントロールが可能となるのです。レバーに掛ける指の本数も人によってまちまちであるため、各自操作しやすいポイントを探って、ベストな位置にレバーを固定しましょう。

使用するアイテム

アーレンキー

手の小さな人に合わせてブレーキレバーをグリップに近づけた状態。

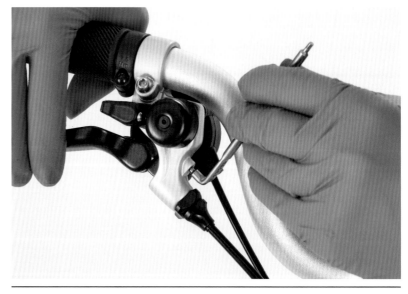

手の大きな人に合わせてブレーキレバーをグリップから離した状態。

ブレーキレバーブラケットの内側にあるリーチアジャスト調整ボルトに2.5ミリのアーレンキーに掛ける。時計回りに回すとレバーとグリップの距離が縮まり、反時計回りに回すとレバーとグリップの距離が広がる。

*2 インナーケーブルのテンション調整
（ブレーキレバー側）

NG

× ブレーキを握ったときにレバーがグリップに接触してしまう状態。

特に新車時は、ブレーキのインナーケーブルが伸びやすく、しばらく使用しているとケーブルが伸び、ブレーキの引きしろが大きくなってきます。そのため、ケーブルテンションの調整は不可欠。また新車時に限らずケーブルは徐々に伸びるため、ブレーキを掛けたときにレバーとグリップの距離が近すぎると感じたら、速やかに調整しましょう。

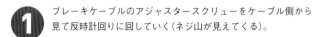

1 ブレーキケーブルのアジャスタースクリューをケーブル側から見て反時計回りに回していく（ネジ山が見えてくる）。

2 レバーを握ってインナーケーブルの張りを確認しつつ、アジャスタースクリューの適正な位置を見極める。

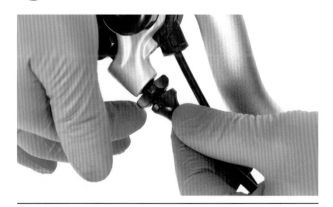

3 アジャスタースクリューの位置が決まったら、ロックナットをケーブル側から見て時計回りに回して締め込んでいく。

4 指で回らなくなるところまでロックナットを締め込んだら作業は完了。ネジ山が5ミリ以上見えるくらいナットとアジャスタースクリューの隙間が開いたら、インナーケーブルの交換時期と考える。

*3 インナーケーブルのテンション調整
（ブレーキ本体側）

ブレーキレバー側でのケーブルテンション調整はあくまで微調整の範囲内でおこないます。調整範囲を超えてしまった場合や速やかにインナーケーブルを交換できない場合に限り、ブレーキ本体側でインナーケーブルのテンションを調整することも可能です。

片手でブレーキシューを両サイドから挟みつつ、もう片方の手でブレーキ本体のワイヤー固定ボルトに5ミリのアーレンキーを掛け、反時計回りに回してボルトを緩める。

片手でブレーキシューを挟んだ状態を維持したまま、インナーケーブルの端をつまんで引き上げる。

インナーケーブルを引き上げて固定位置を数ミリずらしたら、アーレンキーを時計回りに回してボルトを締め込む（締め付けトルクは8Nm）。

ブレーキシューを挟んでいた方の手を離し、ホイールがスムーズに回転するかを確認する。リムにブレーキシューが触れてホイールがスムーズに回らなかったり、ハンドルを右に切っただけでブレーキが効いてしまうような状態であれば、インナーケーブルのボルト固定位置を再度調整し直す。

ブレーキの調整には
細心の注意を

ここではブレーキ本体側の調整方法を解説しているが、万が一ブレーキ本体側のワイヤー固定ボルトが緩んだ状態のまま走行した場合、大きな事故の原因につながりかねない。そのためインナーケーブルのテンション調整は基本的にブレーキレバー側でおこない、本体側の調整は専門ショップに依頼するよう心掛けたい。

*4　ブレーキキャリパー（本体）のセンタリング

NG

✕

ブレーキレバーを握っていないにもかかわらず、片側のブレーキシューがリムに接触している状態。

ブレーキシューの片側がリムに触れてしまっている場合、ブレーキ本体の位置を微調整することにより、ブレーキシューとリムの接触を解消できます。

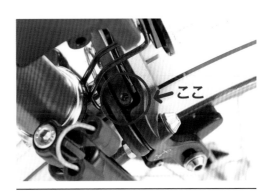

← ここ

調整用のボルト穴はブレーキの上部にある。

右側のブレーキシューがリムに接触している場合、調整用のボルト穴に2ミリのアーレンキーを差し込み、時計回りに回す。するとリムに触れていたブレーキシューがリムから離れていく。このとき、左側のブレーキシューはリムに近づいていく。ちなみにアーレンキー半回転でブレーキシューは1〜2ミリ程度移動する。

ブレーキシューとリムのクリアランスが左右均等になったらOK。左側のブレーキシューがリムに接触している場合は、アーレンキーを反時計回りに回して同様に調整をおこなう。

*5 ブレーキシューの交換

ブレーキシュー（ブレーキブロック）はブレーキをかけるたびにホイールのリムと接触するため、一定の距離を走ると相応に消耗します。消耗具合は目視にてチェックすることができるので、リムとの接触面の溝が完全になくなる前に交換しましょう。

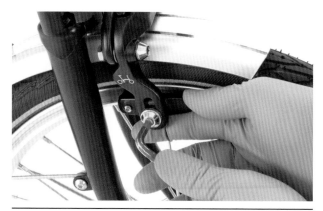

1 ブレーキシューをブレーキ本体に固定しているボルトを5ミリのアーレンキーで反時計回りに回して抜き取る。

2 ブレーキシューは簡単に取り外せる。抜き取ったボルトは、指で軽く回してブレーキシューに取り付けておくと無くさず安全。

3 ブレーキシューのフネ部分に見える小さなボルトに2ミリのアーレンキーを掛け、反時計回りに回して緩める。

4 ブレーキブロックをスライドし、フネと分離させる。2018モデルはブレーキブロックとフネが一体化しているために分離不可能。

ブレーキブロックは一般的なロードバイク用と互換するため、ブロンプトンの取り扱いがないショップでも入手しやすい。

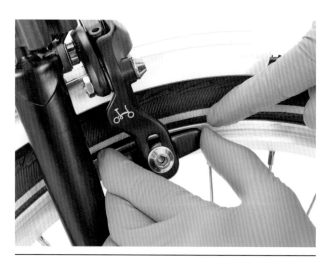

5 外したときと逆の工程で新しいブレーキシューを取り付ける。ブレーキシューの上側ラインとタイヤとの間に1ミリ程度、リムが見えるくらいの余裕を持たせると◎。

*6-1 外装2段変速用ディレイラーの調整
（C Line、S2L、M6L、M6R）

左側シフター（外装2速用）のレバーをロー側（「ー」）に切り替えるときの変速反応が鈍くなってきたら、シフトインナーケーブルの伸びが原因と考えられる。

シフターの調整ダイヤルをケーブル側から見て反時計回りに回して、インナーケーブルの張りを調整。スムーズに変速する位置に合わせる（2016年以前のモデルは調整不可能）。

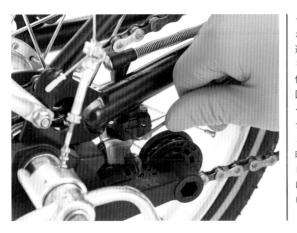

インナーケーブルの張りに問題がない状態でもロー側（ー）に変速しにくいときは、ディレイラーを微調整する。シフターをロー側（ー）に切り替え、クランクを回してロー側（内側）のスプロケットにチェーンを掛けておく。ディレイラー左側のボルトに2ミリのアーレンキーを掛け、反時計回りに回す。ウイングプレートの角度を少しだけロー側にずらせばロー側の可動域を広げられる。

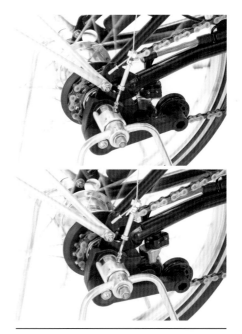

トップ側（＋）に変速しにくいときは、シフターをトップ側（＋）に切り替え、トップ側（外側）のスプロケットにチェーンを掛けておく。ディレイラー右側のボルトに2ミリのアーレンキーを掛け、反時計回りに回す。ウイングプレートの角度を少しだけトップ側にずらしてトップ側の可動域を増やせばOK。

クランクを回しながら変速し、スムーズに動作するかをチェック。不具合があれば再度、調整作業をおこなう。なお、ディレイラーの可動域を極端に増やすと（調整ボルトの締め過ぎ、緩め過ぎ）チェーンの脱落や異音の原因となるので要注意。変速調整の際はメンテナンス用スタンドがあると便利。

*6-2 外装4段変速用ディレイラーの調整
（P Line、T Line）

ロー側の調整

クランクを回転させながらシフターのインジケーターを「1」に合わせ、チェーンをロー側の最大ギアに掛ける。

正しい状態

車体の真後ろからディレイラーを見て、ギアとディレイラーのプーリーが直線上に並んでいたら正しい状態。ディレイラーの調整は必要ない。

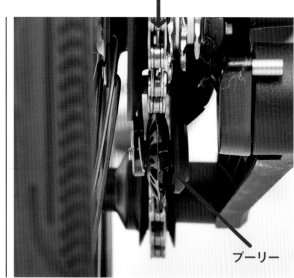

ギア

プーリー

①プーリーが車体外側にずれている場合

車体の真後ろからディレイラーを見て、ギアより外側（右側）にディレイラーのプーリーがずれていたら調整が必要。

②プーリーが車体内側にずれている場合

車体の真後ろからディレイラーを見て、ギアより内側（左側）にディレイラーのプーリーがずれていたら調整が必要。

①の場合、2ミリのアーレンキーをディレイラー左側のボルトに掛け、反時計回りに回す。ディレイラーのプーリーがギアの直線上に並ぶまで移動させる。②の場合、時計回りに回して同様に調整をおこなう。

トップ側の調整

作業はロー側と同様。シフターのインジケーターを「4」に合わせ、ディレイラーの右側のボルトにアーレンキーを掛ける。時計回りに回せばプーリーはロー側（内側）に、反時計回りに回せばトップ側（外側）に移動する。プーリーとギアが直線上に並ぶように調整する。

BROMPTON Maintenance Book

*7 チェーンの交換

チェーンは一定の距離を走ると確実に伸びる消耗部品のひとつ。そのままの状態で走行していると、コマ跳びによるギア板からの脱落や変速系のトラブルを起こしかねません。ブロンプトンには各モデルに対応した長さのチェーンが純正部品として用意されているため、交換の際は対応するものを購入しましょう。

使用するアイテム

チェーンプライヤー

チェーンチェッカー

純正チェーンのラインアップ

	前後ギアの組み合わせ	チェーンのコマ数
	54T×12T	100リンク
	54T×13T	100リンク
	50T×12T	98リンク
内装3段純正採用	50T×13T	98リンク
	44T×12T	96リンク
	44T×13T	96リンク
	44T×14T	96リンク
外装2段純正採用	54T×12/16T	102リンク
	54T×13/16T	102リンク
	54T×13/15T	102リンク
外装2段×内装3段純正採用	50T×12/16T	100リンク
	50T×13/16T	100リンク
	50T×13/15T	100リンク
	44T×12/16T	98リンク
	44T×13/16T	98リンク
	44T×13/15T	98リンク

※ギア比を変更する際は、前後ギアの組み合わせに対応したチェーンを選ぶ必要がある。
※PラインおよびTラインはチェーンの厚さが異なる。

① チェーンが使用限界を超えていないかチェーンチェッカーにて確認。超えていた場合は速やかにチェーンを交換する。写真のシマノ製チェーンチェッカーの場合、計測方法はツール本体に記載されている。

② リアホイールの外し方（P55〜）に沿って、チェーンテンショナーを取り外す。

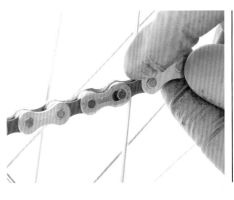

③ チェーンからチェーンコネクターを探し出す。

④ チェーンプライヤーを使用してチェーンコネクターを外す。メーカーによって使用方法はまちまちだが、写真のツールは、チェーンコネクターの両側に先端を差し込み、左右から力を加えて外すタイプ。

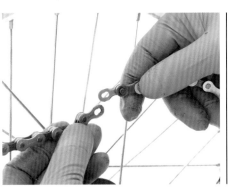

⑤ チェーンコネクターが外れたら古いチェーンを引き抜き、新品に交換する。

POINT

チェーンコネクターの再利用は基本的にNG。チェーンを交換する際にはチェーンコネクターも付属する新品を使用する。

6 チェーンリングに新しいチェーンを掛ける。

7 リアフレームの三角形の中にチェーンを通す。

8 チェーンコネクターをつないでいく。

9 チェーンコネクターを中心として左右からチェーンを引っぱる。

10 チェーンプライヤーを使用して、チェーンコネクターのピンを確実にスライドさせる。チェーンをつなぎ終えたら、P60～の工程に沿って、元の状態に戻していく。

PART 5

エクストラメンテナンス
Extra Maintenance

▼

ベアリングを使用する部位の調整など、専用の
工具や高いスキルを必要とするメンテナンスは、
ブロンプトンを取り扱うプロショップにお任
せするのが一番です。ここではプロのメカニッ
クがどのような作業を行なっているのか、ダイ
ジェストで紹介していきます。

*1　ヘッドパーツの調整 `T Lineを除く`

ヘッドパーツの内部にはベアリングが収められています。このベアリング内部を洗浄＆グリスアップまたは交換することで、ハンドルの動きがスムーズさを取り戻します。ヘッドパーツの調整作業には36ミリの大型スパナを使用する上、ナットの締め付け具合には高い経験値が必要です。

① 6ミリのアーレンキーを使用してハンドルステムの斜臼を緩める。

② フロントフォークのコラム内に密着していた斜臼が離れることで、ハンドルステムの取り外しが可能に。

③ 36ミリのスパナを使って、ヘッドパーツのロックナットを緩め、コラム上部のネジ山に固定されている上碗のキャップを外す。

④ 内部を洗浄した後にグリスアップ。この作業を上下のヘッドパーツに対しておこなう。碗に傷やゆがみなどの問題が見つかれば別途特殊工具を使用して、碗ごとヘッドパーツを交換する必要が出てくる。

⑤ 逆工程にてハンドルステムを取り付ける。キャップ（上玉押し）の締めつけ具合によってハンドル操作にガタつきが出たり、動きが渋くなったりもするため調整が難しい部分のひとつだ。

*2-1 BB（ボトムブラケット）の交換　T Lineを除く

BBはクランクの回転性能を担うパーツです。その消耗が激しい場合、ガタつきや引っかかるような症状が出たり、ペダルの踏み込みが重たくなったり、何らかの不具合が生じます。ブロンプトンのBBはカートリッジ式なので、不具合が生じた際は分解整備せずに丸ごと交換しましょう。

1 8ミリのアーレンキーを使用して、クランク中央のキャップを取り外す。

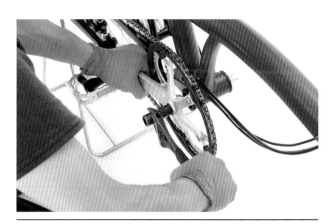

2 コッタレスクランク抜きを使用して、BBの四角軸に圧入されているクランクを引き抜く。

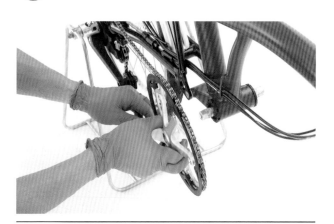

3 左右のクランクを取り外すと、BBの四角軸が露出する。

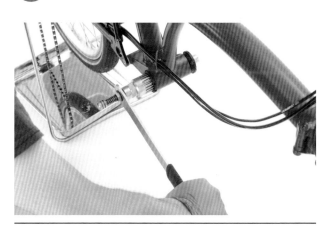

4 BB着脱工具を使い、BBをフレームのBBシェルから取り外す。

これが取り外されたブロンプトンのカートリッジ式BB。新しいBBは、BBシェル内部を清掃し、ネジ山にグリースを塗布してから取り付ける。

*2-2 BB（ボトムブラケット）の交換 T Lineの場合

クランクがBBを含めて3ピース構造（右クランク、左クランク、BB）となるほかのモデルと異なり、TラインはBBを含まない2ピース構造。BB自体もフレーム内には収まらないアウトボードタイプを採用しています。着脱方法が異なるために使用する工具も別途、用意する必要があります。

① クランク中央のボルトに10ミリのアーレンキーを掛け、反時計回りに回して緩める。なお、取り付ける際にはトルクレンチを使用して38Nmの力で締め込む。

② 左右のクランクが分割できたらチェーンリング側を外し、左側のクランクも軸ごとBBシェルから抜き取る。

③ これが取り外したTラインのクランク。左側のクランクは軸と一体化しているため、チェーンリング側とあわせて2ピース構造となる。

④ Tラインに装着されている30ミリ軸クランク対応のアウトボードタイプBB用工具を使ってBBを取り外す。前ページのBBと同様、右側のBBは逆ネジとなっているので要注意。

これが取り外されたTラインのBB。四角軸タイプのBBとは形状が大きく異なる。

*3 ホイールの調整 P LineおよびT Lineを除く

ホイールは一定期間使用していると、全体のバランスが崩れてきたり、ハブ周辺にガタつきが発生したりすることがあります。特に大きな力が掛かるハブは、整備状況によって走りに大きな変化をもたらすため、定期的な点検とメンテナンスを心掛けたい部位です。

1 13&15ミリのハブコーンスパナを2本使い、ロックナットを緩め、ベアリングを外側から押さえている玉押しを外す。

2 ダストシールキャップを取り外すと、内部のベアリングが見えてくる。

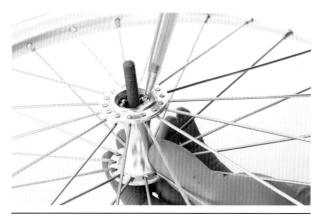

3 ハブの内部を清掃した後、ベアリングのボールを収めつつグリスアップ。ベアリングに異常が見つかった場合は、部品交換が必要となる。

4 車体を持ち上げてホイールを空転させたときに、振れが大きいようであれば振れ取りの作業をおこなう。

5 専用の振れ取り台にホイールを乗せて状態をチェック、振れを修正していく。ニップルを回しながら1本ずつスポークの張りを調整していく手間の掛かる作業だ。

*4 ケーブル類の交換

ブロンプトンに使用されているケーブル類は、純正キットが用意されている上、シマノ製品との互換性はありません。また、ケーブルの取り回しを誤ると折りたたみに問題が発生することもあるため、作業はなるべくプロにお任せしましょう。

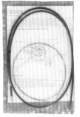

変速用インナー＆
アウターケーブルキット
および外装変速用
ケーブルコネクター

**キットとして
用意されている
ブロンプトンの
交換用ケーブル**

ブレーキ用インナー＆
アウターケーブルキット

変速用インナーケーブルの末端形状やアウターケーブルのキャップ径などは、シマノの製品とは規格が異なり互換しない。

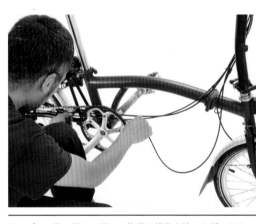

ケーブルの取り回しの誤りは複雑な構造を持った折りたたみ自転車にとって致命的。正確な作業が必要だ。

プロに依頼すべき
作業はほかにも

フレームのリンク部分にガタが出たり、シートポストの固定に遊びが出てきたときは、それぞれブッシュやスリーブの交換作業が必要になる。いずれも作業の難度が高かったり、専用工具が必要であったりするため、ショップへの持ち込みを推奨したい。

Column ❷

はじまりのブロンプトン
～その2～

最 初期の30台を納品後も、手探りの状態で生産を続けるブロンプトン社。量産化がはじまると転じて順風満帆、一気に生産台数を増やして……という都合のいいストーリーには残念ながらつながりません。フランスより供給されていたブロンプトンの命ともいえるヒンジの部品が入手できなくなってしまったのです。アンドリューが手作業で部品を削り出す荒技で難局を乗り切るも資金不足に追い込まれ、5年に渡って製造活動は休止。そんな瀕死のブロンプトン社を救った人物、それがネイムオーディオの創業者として知られる元レーシングドライバーのジュリアン・ヴェレカーでした。ジュリアンは自らもブロンプトンを購入していたファンのひとりであり、ブロンプトンの価値と可能性を知る人物。ブロンプトン社が置かれた状況を理解し、親交を深めていたアンドリューのパートナーとしてブロンプトン社に資金を提供しました。経営陣のひとりとして加わると、展示会への出展(1987年のサイクレックスではベストプロダクト賞を受賞)ほか、ブロンプトンの名を世界に広めるためのアイデアを数多く提案したのです。

1987年、ブレントフォードに拠を移したブロンプトン社は10人そこそこのスタッフによって新たな生産体制を整えます。そして、翌年にはMk2のデリバリーを開始しました。写真は90年代中期に印刷されたと思われるふたつ折りのリーフレット。ミズタニ自転車がブロンプトンの総輸入元となる以前、英国製のブロンプトンをいち早く日本で取り扱っていたショップ、サイクルテックIKDの店長、吉田さんが所有する貴重な資料を撮影させて頂いたものですが、そこに初期のMk2の姿を確認することができます。

変速は英スターメーアーチャー社の内装3速と5速、カラーは赤と黒の2色(3速仕様の基本色は赤)、軽量タイプのLシリーズと、キャリアや前後ライト&ダイナモ、フロントキャリアブロックを装備するTシリーズがラインアップされていました。90年代前半にはTシリーズのキャリアがスチール(メッキ)製からアルミ製に、5速ハブが両サイド引き(右側シフターが通常の3段切り換え、左側シフターがワイド/クロスのレンジ切り換え)からサムシフターで操作する一般的な片引きタイプ(スプリンター)に変更されるなど、ディテールの変更箇所を挙げるときりがありません。

2000年にはMk3が登場するも、同タイミングで英スターメーアーチャー社が破綻。しかし、スターメーアーチャー社のMDからいち早く情報を入手できたブロンプトン社は、事前に一定数の変速部品を確保できたため、代替えとして使用することになる独ザックス社(すでに米スラム社が買収済みだったが)の部品が届くまで、滞りなく車体の生産を続けることができたといいます(情報提供者はその後、ブロンプトン社の一員に加わった)。

いまでは年間約10万台を生産する一大自転車ブランドに成長したブロンプトン。この綱渡りのようでもあり、必然でもあったブロンプトン初期のストーリーは『THE HISTORY OF BROMPTON』(DVD)やデイヴィッド・ヘンショウ著の書籍でも紹介されています。そこには人と人の奇跡のような出会いが、幾度となく重なる運命的なシーンが描写されているのです。

貴方がもしブロンプトンのオーナーであるのなら是非一度、その歴史をさかのぼってみて下さい。きっとブロンプトンのオーナーであることを、さらに誇らしく思えるはずですから。

『自転車日和』編集部

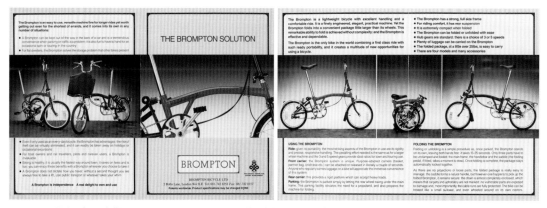

写真の車両は初期のMk2だが、クイーンズアワード輸出賞(1995年に受賞)の表記があるため、リーフレット自体は受賞以降のもののようだ。この貴重な資料をお貸し出し頂いたサイクルテックIKDの店長、吉田さんご自身も日本国内では珍しいMk2オーナーのひとり。(取材協力:CYCLETECH-IKD　http://www.ikd21.co.jp/)

Design changes of BROMPTON

ブロンプトン 正規輸入モデルの変遷

ミズタニ自転車が輸入総代理店となった2003年より、正規輸入モデルとして本格的に日本での販売網が強化された英国製のブロンプトン。ここでは一般にMk3（2000年に英国にて発表された3世代目）と呼ばれている2003モデルから現行モデルまで、そのアップデートの変遷について紹介していきます。

絶え間なく進化を続ける ブロンプトンという自転車

ブロンプトンファンのみなさまであればご存知の通り、Mk2以降ブロンプトンはそのシルエットを大きく変えることなく歴史を紡いできました。一般的なスポーツ自転車であれば数年、早いものでは1〜2年でフルモデルチェンジを果たし、姿形を含めまったく別の自転車となってしまうケースも少なくありません。ではなぜ、ブロンプトンは数十年にも渡ってその造形を大きく変えることなく販売され続けているのでしょうか？

まずひとつの理由として、初期段階から完成度の高い設計を採用していたことが挙げられます。ブロンプトンの誕生以降も多くのメーカーが切磋琢磨して、独自の折りたたみ機構を備えたさまざまな自転車をリリースしてきました。しかし世界的に活用されている実用車として、ブロンプトンを超えるモデルはいまだに存在しません。また、メインフレームが大きく弧を描くトラディショナルなフォルムはブロンプトンのアイデンティティでもあり、世界中のオーナーたちから長きに渡って愛され続けてきました。その見た目という性能も含め、ブロンプトンという

自転車の魅力が尽きることはないのです。

そのうえ、ブロンプトンほど目覚ましい進化を遂げている自転車は、ほかのどのカテゴリーのモデルにも見当たりません。誕生以来、ほぼ毎年のように改良が加えられ、その質実剛健さとユーザビリティを追求するブロンプトン社の方針は、ブレントフォードに居を構えて以来、30数年経ったいま現在も変わらず続いています。正式にアナウンスされる一般ユーザーにも理解しやすい変更箇所だけでなく、販売店のスタッフさえ気がつかないような細かな部分にさえ、より使いやすく、より安心して乗り続けるための改良が加えられ続けているのです。年度単位で、あるときはランニングチェンジ的に、絶え間なく進化を続けているブロンプトン。モデルチェンジ期にはアップグレードキットが用意されるなど、既存のユーザーもフォローする細やかさには、ブロンプトンを手にしたすべてのオーナーを思いやるメーカーサイドの愛すら感じられます。

ブロンプトンの進化をすべて追い切ることは簡単ではありません。ここで紹介する変更事例は極わずかですがその変遷を知ることにより、ブロンプトン社の製品作りに対する一切の妥協を排した信念を垣間みることができるはずです。

※掲載されている車両の写真は、各年度上旬に日本国内にて販売されていたモデルのものです。スペックについても同時期の国内向けカタログに準じているため、英国の公式発表によるデータとは1年度分ずれが生じているものもあります（掲載記事は辰巳出版発行『折りたたみ自転車＆スモールバイクカタログ』より年度別に転載）。また、海外で販売されていたモデルとは名称および仕様の異なる場合があることもご了承下さい。

2003-2004

2000年に登場したMk3と呼ばれる3世代目のブロンプトン。Mk2から強化されたステムの折りたたみヒンジなど、車体の各部に改良が見られる。また、英スターメーアーチャー社の破綻により、変速関連ユニットは独ザックス社（1997年に米スラム社が買収）が製造するものへと移行された。日本でのラインアップはT6、T3、L3の3モデルだった。

MODEL
T6
(Touring6)

ライト＆ハブダイナモ、リアキャリアを標準装備するTシリーズの内外装6段変速仕様。カラーはブリティッシュグリーンとレッドの2色展開だった。

搭載される内装3段変速ハブはスラム（独ザックス製）のユニット。

モノレバータイプのシンプルなシフターもこの世代の特徴のひとつ。

エラストマーの素材やシートクランプの形状も現行のブロンプトンとは異なる。

2007年まで採用されていた旧タイプのTシリーズ専用リアキャリア。

この時代まで併売されていた
もうひとつのブロンプトン

欧米が主要マーケットだった英国製ブロンプトン。対して、こちらはアジア圏のみで流通していた台湾製のブロンプトン。台湾のユーロタイ社が英ブロンプトン社からライセンス許諾を得て、新規設立したネオバイク社に生産させたモデルだ。しかし、完成した車両は英国製ブロンプトンとは似て非なるもので、ブロンプトンの生みの親であるアンドリュー氏が納得できる内容ではなかったという。レジャー志向のセールスの方針を含め、この台湾製ブロンプトンの流通は、質実剛健な通勤車としてブロンプトンの価値を高めてきたの英ブロンプトン社を落胆させる結果となった。

MODEL
L3(Lite3)

内装3段変速を搭載するブロンプトンのスタンダードモデル。アイボリー、ターコイズグリーンを含めた5色展開だった。

2005

メインフレームの設計が大きく変更された2005モデル。ホイールベースはそれまでの1020ミリから1045ミリへと延長され、ヒン

ジは厚みのある仕様に強化。デカールも小型化されている。ラインアップは前年の3モデルに廉価モデルのC3が加わった。

MODEL **T6** メインフレームに改良がほどこされたMk3とMk4の中間期的モデル。

MODEL **L3** カラーバリエーションはイエロー×ブラックほか新色が追加され7色に。

ダイナモがアクサIQからアクサHRへ変更された。

2006

ブロンプトンに最も大きな変化が見られたこの年、一般にMk4と呼ばれる4世代目へと突入。ハンドル形状が3タイプに増え、モデル名の表記もそれまでのTシリーズ、Lシリーズから、ハンドル形状に合わせてMシリーズ、Sシリーズ、Pシリーズに変更された。T3の後継としてM3R、T6の後継としてM6R、L3の後継としてM3Lをラインアップ。そのほか、フォーク＆リアフレームに軽量なチタン素材を用いたスーパーライトモデルとしてS2L、M2L、P6Rが加わった。2005モデルで追加されたC3はC3Eに名称を変更。パーツ類については、スターメーアーチャー（台湾サンレース社）が復活を果たし、3段変速および6段変速モデルに新たな内装ハブが採用されている。リム＆タイヤも一新され、細かい部分ではインフレーターを取り付ける台座の形状も変更となった。

MODEL
S2L

専用のフラットバーハンドルと長めのハンドルステムをセットしたスポーツ仕様。フロントフォーク＆リアフレーム、シートポスト、泥よけステー、左側ペダル軸にまでチタン合金を採用することで、10キロを下回る軽量な車体を実現した。スーパーライトモデル用のフィジーク製スポーツサドルを標準装備。

Sシリーズにはフラットバーハンドルを装備。ステムはMシリーズよりも長めの設定に。

フロントフォーク＆リアフレーム、シートポストなどに高級金属素材として知られるチタン合金を採用。軽量な車体に仕上げられている。

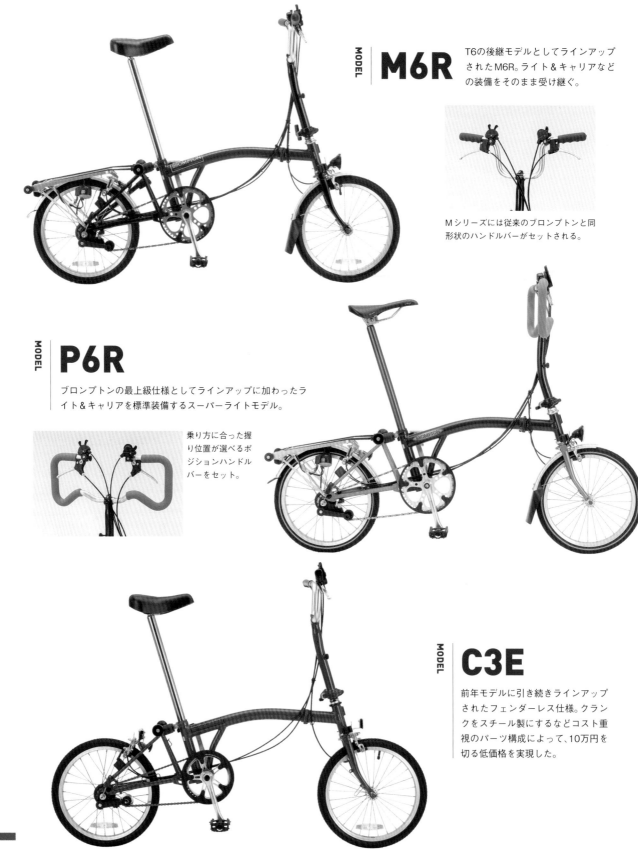

MODEL

M6R

T6の後継モデルとしてラインアップ
されたM6R。ライト＆キャリアなど
の装備をそのまま受け継ぐ。

Mシリーズには従来のブロンプトンと同
形状のハンドルバーがセットされる。

MODEL

P6R

ブロンプトンの最上級仕様としてラインアップに加わったラ
イト＆キャリアを標準装備するスーパーライトモデル。

乗り方に合った握
り位置が選べるポ
ジションハンドル
バーをセット。

MODEL

C3E

前年モデルに引き続きラインアップ
されたフェンダーレス仕様。クラン
クをスチール製にするなどコスト重
視のパーツ構成によって、10万円を
切る低価格を実現した。

2007

2006年から基本ラインアップに目立った変更は見られないが、スーパーライトモデルの名称に「X」の表記が加わった。また、スーパーライト全モデルがキューグリーン、フラミンゴピンク、テンペストブルーの3色展開となっている。

MODEL

S3L

内装3段変速とSタイプハンドルバーを組み合わせたモデル。ステム、フォーク、リアフレームは同色のシルバーで統一。

2008

この年、最大のトピックはリアフレームの固定フックが設けられた点（それまでは車体を持ち上げる際、リアフレームに片手を添える必要があった）。これに併せてシートクランプのクイックレバーも一新。L仕様（キャリア&ライト非装着車）にはバッテリー式のテールランプが装備された。ディテールでは、タイヤに反射ラインがつき、泥よけのデザインも変更。リアブレーキのデュアルピボット化も実施されている。

MODEL

S2L-X

さらなる扱いやすさを念頭において各部のブラッシュアップを図った2008モデル。リアフレームの固定フックはアップグレードキットとしても用意されていた。

リアフレームの固定フックを設けることで、車体を持ち上げる際の利便性が向上。

L仕様にバッテリー式のテールランプを標準装着。夜間走行時の安全性を高めた。

2009

車体色自体は大きく変わらないが、フレームの仕上げがそれまでの艶ありペイントから艶なしペイントに変更された。ブレーキキャリパーのカラー変更に伴いブレーキシューはカートリッジ式へ。汎用性を高めた。そのほかエ

ラストマー素材の変更、タイヤのサイドカラーやデザインの変更が図られた。また、左クランクにペダルストッパーを設けることで、フレームを傷つけるリスクを低減させるなど、細部にもアップデートが見受けられる。

MODEL

M6L

塗装の仕上げを変更することでブロンプトンらしさを損なうことなく、さらなる高級感を演出した2009モデル。タイヤ、ブレーキほか走行性能に影響するパーツを主体として見直しを図った。

リアサスペンションブロックはソフト素材からやや硬めのエラストマーに更新。

ヒンジクランプを固定するレバーをやや小振りなデザインのアイテムに変更。

2010-2011

外観上の目立つ点としては、サドル形状とメインフレームのデカール変更が挙げられる。サドルは先端を握りやすいフォルムにすることで折りたたみ時の運搬をサポート。サドルの角度や取り付け位置を細かく調整できるペンタクリップが標準採用されたことも大きなトピックのひとつだ（初出は2006年度のスーパーライトモデル）。フレームロゴは右サイドがイラスト化され、長らく樹脂製だった右側のペダルは金属製になった。

機能面では、2010モデルの後期よりケブラー仕様のグリーンラベルタイヤおよびハード仕様のエラストマーが全車に標準化されている。6段変速モデルにはBWRハブを投入してさらなるワイドレンジ化を実現。Sシリーズはハンドル幅を延長、スーパーライトモデルはシートポストがアルミ化されるなど、それぞれに独自の改良も見受けられる。リアキャリアを装備するR仕様は2010モデルにて一旦廃止となった。

MODEL
M6L

サドル＆ペダルにニューアイテムを投入した2010モデルのブロンプトン。メインフレーム右側のイラストロゴもユニークな試みだ（2011モデル以降は左サイドがイラストロゴになる）。2010後期より、MシリーズのブレーキレバーにSシリーズ＆Pシリーズと同様のリーチ調整機能が追加されている。

6段変速モデルにはスターメーアーチャーの新型内装ハブBWRを採用。ワイドレンジ化を実現した。

MODEL
M3L

2010前期モデルではロウが、2010後期モデルではホワイトがカラーバリエーションに追加された。

MODEL
S1E

C3E以来、久々にラインアップされたフェンダーレス仕様の軽量なシングルスピード車。本モデルを含め、Sシリーズは前後フレーム、ステム、フォークが同色化されている。

2012

左サイドの折りたたみペダルを大型化。クランクへの固定ボルトが24ミリの6角頭から8ミリの6角穴に変更され、専用の工具をそろえずとも容易に着脱できる仕様となった。また、すべてのモデルでチェーン＆リアコグは薄歯用パーツに統一されている。

MODEL **M3L**

2013

ブレーキレバーのブラケット部分が樹脂から金属に変更され、剛性感が大幅に向上。グリップはやや細めの円筒型となった。また、リムをダブルウォール構造とし、後輪にバテッドスポークを採用することで、足まわりの強度を高めた。なお、前後ライトはオプション扱いとなり、標準装備はリフレクターに変更されている。

MODEL **M3L**

2014

2013モデルと大きな変更はないが、バッグ類の装着が可能となるキャリアブロックが標準装備となった。また、2013後期モデルよりクランクアームを一般的なスポーツ車と同様のチェーンリング別体式5アームタイプに変更。チェーンリングの小型化など、カスタムの汎用性が高められている。これに伴い、BBも従来規格とは異なるアイテムに変更された。

MODEL **M3L**

MODEL **M3R**

2014モデルでは、リアキャリアを標準装備したR仕様が復活。

2015

マルチポジションハンドルバーを装備したP6Lが標準モデルに復活。アイボリー、チェリーブロッサムなど6色の新色が登場した。折りたたみペダルに、ペダルストッパーからの脱落防止効果を高める変更が加えられ、サドルハイトインサートが付属品に。後期モデルよりシフターケーブル用プーリーが変更されている。

MODEL **P6L**

2016

サドルの形状、ローラーの形状および素材が変更された。シリアルナンバーが記載されたステッカーは金属製のプレートへアップグレード。メインフレームのデカールが小型化された点も特徴のひとつ。

MODEL **P6L**

2017

Mシリーズのハンドル形状を一新。ハンドル高を変えることなく、ハンドル単体の高さが27ミリ縮小（ハンドルステムは27ミリ延長されている）。グリップはスポンジ素材のロックオンタイプとなり、グリップ長は110ミリから130ミリに。Sシリーズと共通化された。また、各モデルともにシフターとブレーキを一体化。外装変速のケーブル固定方式も変更するなど着実な進化を遂げている。R仕様ではキャリア形状を変更。内装ハブ用チェーンテンショナーナットの形状を見直すことで、よりスムーズな変速を可能とした。

MODEL **M3L**

標準カラーのレッドは、従来よりも明るい色に変更されている。

コンパクトな印象を受けるMシリーズの新形状ハンドル。一体化されたブレーキ＆シフター、ロックオンタイプのグリップも新たに採用。

2018

ブラックカラーの新型ブレーキに更新。固定ボルトが枕頭式となり、フォーク側の固定穴も拡大されている。また、ブレーキシューはロゴ入りのフネ一体タイプに変更。タイヤはMシリーズ＆Pシリーズがシュワルベのマラソンレーサー（前期の一部車両はマラソン）を、Sシリーズは前年同様シュワルベのコジャックを装着する。

MODEL **M6L**

2019-2021

リアのサスペンションブロックは2018モデルよりランニングチェンジ。2019モデルでは、プレミアムカラーのラッカー仕様が追加された。Sシリーズ、Mシリーズに使用されるロックオングリップは、スポンジ素材からラバー素材のアイテムに更新されている。なお、Pシリーズは2019モデルにて廃止、2020モデルのラインアップにその姿は見られない。

MODEL **M6R**

MODEL **P6L**

ラバー素材のニューアイテムにアップデートされたサスペンションブロック。

2022

基本的な構造は従来モデルを受け継ぎながらも、2022モデルでは車両の呼称を変更。スーパーライトモデルを除くすべてのモデルが「Cライン」に統一された。またスーパーライトモデルの後継シリーズとして新たにPラインが登場。サスペンション&ローラーを含め、チタン製リアフレームのデザインが一新された。新開発の外装4段変速を搭載する。

MODEL

P Line
Urban

2023

フルチタンフレームにカーボンフォークを組み合わせたフラッグシップ、Tラインが待望の日本上陸を果たす。Cラインは従来のブラックエディションが標準モデルとなり、長い歴史を持つ内装3段変速モデルが廃止。なおブロンプトンジャパンの設立に伴い、長らく日本の総輸入元だったミズタニ自転車と英国ブロンプトン社の契約が2022年9月をもって終了した。

MODEL

T Line
Urban

MODEL

C Line
Urban

Column ③

ブロンプトンオーナーのための特別な１日
BROMPTON WORLD CHAMPIONSHIP JAPAN
ブロンプトン・ワールド・チャンピオンシップ・ジャパン

ブロンプトンファンが一堂に会するイベント

ブロンプトン単一車種のイベントとして開催される『ブロンプトン・ワールド・チャンピオンシップ・ジャパン』。メインコンテンツは、優勝を勝ち取った参加者が英国開催の本戦へ招待される、いわば日本代表を決めるための予選を兼ねたレースですが、このイベントは競技志向のサイクリストたちが集まる、本格的なロードレースとは大きく趣向が異なります。ネクタイや襟付きシャツ、ジャケット着用といったドレスコードが設けられていることもあって、自転車競技特有の殺伐とした雰囲気は会場内のどこにも見当たりません。一部の上位を目指す選手は本気かつ攻めの走りを披露してくれますが、多くの参加者は仲間同士やファミリーで集まり、サイクリング気分でレースを楽しんでいます。

『ブロンプトン・ワールド・チャンピオンシップ・ジャパン』の特徴はほかにもあります。レースに参加しない同行者をも退屈させないさまざまなコンテンツが、会場内に用意されているのです。フォールディングコンテスト、メンテナンス系のワークショップ、ブロンプトン各モデルに試乗できるブースなども設けられ、ブロンプトンオーナーはもちろん、ブロンプトンの購入を検討している人に対しても、有意義な１日となることを約束してくれます。

発端はスペインのディーラーが開催した非公式のイベント。しかし、その波が世界中へ瞬く間に広がり、日本で開催されるこの『ブロンプトン・ワールド・チャンピオンシップ・ジャパン』も2019年、10回目の開催を終えました。今後も多くのブロンプトンファンが集まるイベントとして、続いていくことを期待します。

BWCJ本戦は1周2.4キロのサーキットコースを5周するレース。折りたたんだ愛車の元へ駆け寄り、自転車を展開するところからはじまるル・マン式スタートが採用されています。

メインステージでおこなわれたフォールディングコンテストでは、ブロンプトンの折りたたみに10秒要しない猛者の姿も。

会場内にはバラエティに富んだのアクティビティが用意されるなど、レースに参加しない同行者も退屈させない心憎い演出も。

色とりどりの試乗車がずらりと並ぶメーカーブース。ブロンプトン全モデルに試乗できるのもこのイベントならでは。

ブロンプトンありがちなトラブル集

正しい手順で操作していればトラブル知らずの折りたたみ自転車ですが、誤った方法で扱えば簡単に破損させてしまいます。
ここではおさらいも兼ねて、よく耳にするトラブルとその原因について紹介します。

BROMPTON Troubleshooting
ありがち **1**　「展開するときにチェーンが落ちる」

折りたたむ準備として、クランクを所定の位置に合わせる作業は必須（詳しくはP14）。クランクを誤った位置に合わせた状態でリアフレームを折りたたむとあとが厄介。

クランクが邪魔になって、車体の前部を折りたたむ作業に移れない。

そのまま邪魔にならない位置までクランクを回すとチェーンテンショナーが閉じる方向に動いてしまい、チェーンが大きくたるんでしまう。

クランクから手を離すと、チェーンテンショナーは元の位置に戻ろうとするため、その反動でチェーンが脱落。気づかず車体を展開すると……。

POINT

クランクを所定の位置に合わせず折りたたんでしまったときは、はじめからやり直すか、チェーンテンショナーを片手で固定してクランクを回せばOK。

ありがち **2** 「リアフレームが折りたたみ時にロックされない ／うまく展開できない」

NG

展開するときはシートポスト下側の突き出しがなくなるまでシートポストを引き上げる必要がある。

「折りたたんだ状態で車体を持ち上げると、たたんだはずの車体が中途半端にばらけてしまった」「折りたたんだ状態から車体を展開するとき、リアフレームが引っかかって動かない」。そんなときはシートポストとストップディスクの関係性を思い出す。シートポスト下側の突き出し量が中途半端だと、いずれの作業も上手くいかないので注意。

折りたたむときはシートポスト下端がストップディスクの位置より下になるまでシートポストをしっかりと下げる。

ありがち **3** 「フロントマッドガードが割れやすい」

NG

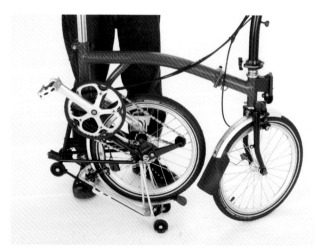

リアフレームを折りたたむときに後輪と前輪がぶつかり、フロントマッドガードが両輪に挟まれる。回数が重なれば当然、マッドガードには相応のダメージが及ぶはず。

リアフレームを折りたたむときは正しい手順通り、ハンドルを左側に切っておくことを習慣づける。

ありがち **4** 「付属の携帯ポンプが外しにくい ／使い方がわからない」 ※携帯ポンプが付属するモデルの場合

付属のハンドポンプは出先でパンクに見舞われるなど、緊急時に使用するためのアイテムなので、普段はあまり意識する必要がない。しかし、緊急時に使い方がわからなければそれこそ問題。念のため、使い方を覚えておいて損はない。

携帯ポンプをリアフレームから取り外すときは、携帯ポンプの後ろ側（下側）を前側（上側）に押し込みつつ手前に引く。

タイヤチューブのバルブキャップを外し、携帯ポンプのヘッド（口金部分）をバルブにしっかりと差し込む。

携帯ポンプのレバーを90度起こす。

片手は携帯ポンプのヘッドに近い部分を握ってヘッドが動かないように固定、もう一方の手でグリップ部を握って前後に動かす。空気が十分入ったらレバーを倒してバルブからヘッドを引き抜く。携帯ポンプをリアフレームに戻すときは、ヘッド部分を固定してからポンプの下端にリアフレームの突起が刺さるように収めるとスムーズ。

ありがち**5** 「レバーをしっかりと閉じても サドルがジワジワと下がってくる」

シートクランプのクイックレバーが閉じているにもかかわらず、サドルが回ったり、下がってくる場合はシートクランプの締め付け不足を疑う。

クイックレバー逆側のナットを10ミリのスパナ（Tラインは5ミリのアーレンキー）で少しだけ締め込む（時計回りに回す）。症状が軽ければ、この作業で問題は解決されるはずだ。

それでもシートポストが動いてしまう場合は

クイックレバーまたはシートチューブ内のスリーブの寿命と考えられるため、専門のショップへ診断をお願いする。

ありがち**6** 「ヒンジクランプが 頻繁に緩む」

レバーを時計回りに回してヒンジクランププレートを確実に締め込む。

ヒンジ部分とヒンジクランププレートの隙間が0.9ミリ以下の場合、ヒンジクランププレートが広がってしまっているため、新しいものへの交換が必要だ。

ヒンジ部分とヒンジクランププレートの隙間の適正値は0.9〜3.0ミリ。

ヒンジクランププレートの内側はタル型に窪んでいる。ヒンジを4点で固定する構造だ。 ※8000キロ走行ごとの交換を推奨。

実は知られていないブロンプトンの意外な可変機能

なるほど其の1

「展開時にリアフレームがロックされない仕様に変更できる」

2007モデルよりブロンプトンには、車体を持ち上げてもリアフレームがぶら下がらない（メインフレームに固定された状態を維持）機能が搭載されていますが、そのリアフレームクリップはオーナーの意思で簡単に解除することができます。

ラッチモード　非ラッチモード

メインフレームとの接続面にある凹部が下側中央にあればリアフレームがロックされる「ラッチモード」。凹部が下側中央から90度以上ずれていればリアフレームがロックされない「非ラッチモード」。

通常は「ラッチモード」に設定されている。リアフレームをロックしていない状態でサスペンションブロックを90度以上ひねると「非ラッチモード」に。

「非ラッチモード」ではリアフレームがロックされないため、頻繁に駐輪状態にする人には便利な機能ともいえる。

なるほど其の2

「付属の携帯ポンプは仏式バルブ用に設定変更できる」

カスタム目的で仏式バルブ仕様のホイールに交換した貴兄も「付属の携帯ポンプが使えなくなってしまった……」と嘆くことなかれ。ブロンプトンに付属する携帯ポンプは、ノーマル時の米式バルブ仕様から仏式バルブ仕様へ変更することができるのです。

ヘッドキャップを反時計回りに回して外し、内部の部品を取り出す。

米式バルブ仕様のときはふたつのパーツがこの状態で収まっている。

ふたつのパーツの向きをそれぞれ入れ替えてキャップを締めれば、仏式バルブ仕様へ。

BROMPTON
Ever.
CUSTOM
Eバージョン化カスタマイズ

引き算の発想で軽快な走り＆フォルムを手に入れる

マッドガードレスの軽量な車体＆軽快なスタイルが魅力のEバージョン。スペインなど、雨の日が少ない地域で人気の仕様です。日本では2006モデルとしてC3E、2010モデルとしてS1Eがラインアップされていました。ちなみにこのEバージョン、2005モデル以降であれば、同じ内容を再現することが可能です。ここでは、Eバージョン化に必要な部品と手順について紹介していきます。

※PラインおよびTラインは一部作業内容が異なります。

事前に用意しておくパーツ

ブロンプトン・Eバージョン用フロントフック
価格：1650円（税込）

ブロンプトン・ケーブルフェンダーディスク
価格：1100円（税込）

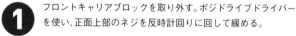

① フロントキャリアブロックを取り外す。ポジドライブドライバーを使い、正面上部のネジを反時計回りに回して緩める。

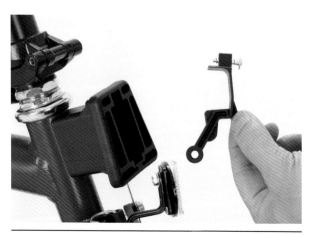

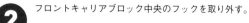

② フロントキャリアブロック中央のフックを取り外す。

③ この状態で正面から見ると、中央上下に2本のボルトが見える。

4 4ミリのアーレンキーを使い、この2本のボルトを反時計回りに回して緩める。

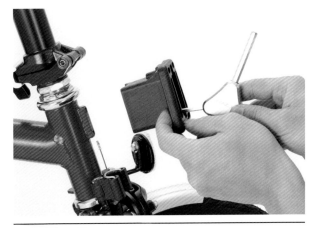

5 フロントキャリアブロックの取り外し作業が完了。

6 フロントマッドガードを取り外す。右側のフォークに固定されたステーは、8ミリのスパナで裏側のナットを押さえ、3ミリのアーレンキーでボルトを反時計回りに回して緩めれば外せる。

7 左側のステーは回り止めワッシャーとアクスルナットに挟まれているため、15ミリのスパナでアクスルナットを反時計回りに回して緩め、ナットを完全に外す必要がある。

8 フォーク裏側のステーはブレーキ本体の固定ボルトで共締めされている。このボルトを5ミリのアーレンキーを使い、反時計回りに回して緩める。

9 フェンダーが自由に動かせる状態になったら、ボルトごと手前に引き抜く。

10 ボルトを忘れずに元の位置に戻し、ブレーキシューがリムに接触していないことを確認しながら、確実に固定する。

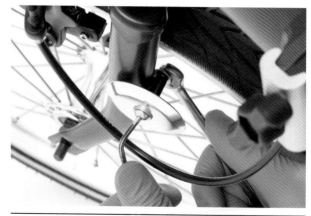

⑪ ケーブルフェンダーディスクに付属のボルトを通し、同じく付属する樹脂製カラーをボルトに取り付ける。

⑫ ケーブルフェンダーディスクのボルトを左側フォークのマウントに通し、付属のワッシャーとナットを裏側から取り付ける。8ミリのスパナでナットを押さえ、3ミリのアーレンキーを時計回りに回して固定する。

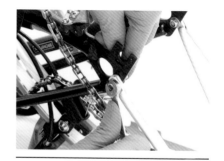

⑬ マットガードステーを外したときの逆工程でEバージョン用フロントフックを取り付ける。

⑭ 15ミリのスパナを使って、アクスルナットを確実に取り付ける。

⑮ リアフレームを折りたたんだ状態でP55〜と同じ工程をたどり、後輪を取り外す。後輪を外したら、Lバージョンはマッドガードの右側ステー（クランク側）を、Rバージョンはキャリアのステーを併せて外す。ボルトを外す際は8ミリのスパナを2本使い、ボルトまたはナットの片側を固定し、もう片方を反時計回りに回す。

⑯ P59〜の作業と同じ工程で後輪を取り付けたらリアフレームを展開する。左側のステーも右側と同様、8ミリのスパナを2本使って取り外す。

⑰ リアマッドガード＆キャリアのメインステーはフロント側と同じく、ブレーキ本体の固定ボルトに共締めされている。ブレーキ本体の固定ボルトはストップディスクのナットで接続されているた‐め、10ミリのスパナを使ってストップディスクを取り外す。スパナはストップディスク側から見て反時計回りに回す。

後輪を取り外す理由

リアマッドガードの右側ステーを固定しているボルトは、リアフレームの内側から外側に向かって取り付けられ、外側からナットで留められている。そのため、後輪を装着した状態でボルトを抜こうとするとボルトの頭がスプロケットに干渉してしまい、うまく抜き取ることができない。ゆえに、後輪を取り外す作業は、Eバージョン化する際、回避できない工程のひとつとなっている。

⑱ ブレーキの固定ボルトが外れたら、リアマッドガードおよびキャリアはフリーな状態になる。Rバージョンの場合、キャリア前部を持ち上げながらブレーキをくぐらせるようにして、マッドガードとキャリアを取り外す。

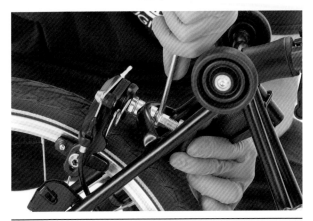

⑲ ブレーキ本体の固定ボルトをリアフレームに通して、外したときと逆工程にてストップディスクと接続する。

Eバージョンが完成！

※ベース車がRバージョンの場合、リア側の反射板が利用できなくなるため、別途ライト等を用意しておく必要がある。

ケーブルフェンダーディスクはなぜ必要？

ケーブルフェンダー
ディスク装着済み

ケーブルフェンダー
ディスク未装着

その理由はハンドルを右に切ると明確になる。マッドガードレスのEバージョンにケーブルフェンダーディスクを取り付けなければ、写真のようにケーブルが直接タイヤに接触してしまう。つまり、マッドガードステーにすら役割が与えられていた、ということになる。

折りたたんだ状態の安定感はいまひとつ

リアマッドガードが取り外されたことで、折りたたみ時の立ち姿はやや不安定になった。なんとか自立はしているので、実用上の問題はなさそうだ。

製造台数100万台突破の偉業を祝して
1台のブロンプトンが世界18カ国を巡る

One Millionth BROMPTON Tour

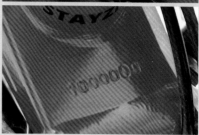

（右）創業者のアンドリュー・リッチー氏と初代ブロンプトン、MK1。（左）現CEOのウィル・バトラー＝アダムス氏とワンミリオンブロンプトン。

ブロンプトンチームが
世界各国を巡るツアー

生みの親であるアンドリュー・リッチーが1975年にプロトタイプを発明してから47年、2022年に100万台目の製造を達成したブロンプトン社。その偉業を記念したキャンペーンの一環として、100万台目のブロンプトンが世界18カ国を巡るインターナショナルツアー〈ワンミリオンブロンプトンツアー〉が2023年春から実施されました。

集合場所となった浅草某所には抽選に当選した幸運なブロンプトンオーナーとその愛車がずらり。

浅草寺を皮切りに東京駅、皇居外苑、駐日英国大使館と都内のスポットを巡るライドツアー。

100万台目のブロンプトンに日本デザインのステッカーが加わることで盛り上がりを見せた。

ゴールの芝公園では東京タワーをバックに全員集合。濃密なイベントに大満足の参加者一同。

100万台目となるモデルは、量産初期のMK1に与えられたデザインを踏襲したもので、赤いメインフレームにシルバーのパーツとブラックのハンドルを装備、100万台のデカールやIDプレートなどがあしらわれた世界に1台だけの車両です。サドルは1975年当時のバイクへのオマージュが込められたブルックスC17を装着、仕上げとしてメインフレームには創業者であるアンドリュー・リッチーと現CEOのウィル・バトラー・アダムスのサインが印されています。

このワンミリオンブロンプトンツアーは、2023年3月15日に英国のロンドンをスタートしてイタリアのミラノ、スペインのバレンシア、ドイツのハンブルグ、フランスはパリほか、ヨーロッパ各国の都市をめぐり、中国は北京、香港、シンガポールを経て、日本にも上陸。2023年7月29日には東京でライドアウトイベントが開催されました。抽選に当選した幸運なブロンプトンオーナー30名とメディア数社が招待され、ブロンプトンチームと交流する貴重な機会が設けられたのです。晴天の下、ワンミリオンブロンプトンと共に浅草の浅草寺からスタート。東京駅や英国大使館、皇居をはじめとする都内の名所をめぐり、ゴールとなる芝公園までライドツアーを満喫しました。

実直に品質の向上を目指し、確かな生産体制を整えてきたブロンプトンは、創業時からは想像もつかない一大ブランドへと成長を遂げました。次なる100万台目のブロンプトンに出会える機会も遠い未来ではないはずです。

技術監修
和田サイクル

大正6（1917）年創業。東京都杉並区桃井にある老舗自転車店。3代目店主の和田良夫さんが1990年代半ばにBD-1やブロンプトンをいち早く取り扱い、カスタマイズにも力を入れたことで注目される。「小径車の聖地」と呼ばれ多くのファンに愛されながらも、オールジャンルの自転車を取り扱う地域密着型のショップとして親しまれている。

東京都杉並区桃井4-1-1
☎03-3399-3741
https://www.wadacycle.jp/

撮影協力

和田良夫

その穏やかな人柄にファンも多い、和田サイクルの3代目店主。90年代からブロンプトンを取り扱い、メンテナンスからカスタムまで幅広いノウハウを持つ。愛犬との日常をつづった「WADACYCLE DOG BLOG」も密かな人気。

西久保利親

大学時代は写真を専攻。2008年より和田サイクルのスタッフに加わった敏腕メカニック。スポーツ車から日常に寄り添う自転車まで、幅広く手掛ける。英国ブロンプトン本社には研修のため2度に渡り訪問している（ブレントフォード時代）。

和田 真

2018年に和田サイクルへやってきた期待の若手スタッフ。自らの体験を仕事に反映させる実践派で、自転車の魅力をユーザーに伝えるべく、休日は100kmを超えるロングライドもこなしている（詳しい活動の模様はブログを参照）。

BROMPTON
メンテナンスブック 改訂版

編集　『自転車日和』編集部

撮影　村瀬達矢
イラスト　田中 斉
デザイン　ddm design studio

協力：BROMPTON JAPAN、CYCLETECH-IKD、自転車屋オレンヂジュース、GREEN CYCLE STATION、サイクルハウスしぶや、Bici Termini
参考文献：「THE HISTORY OF BROMPTON」（BRITISH LOCAL HISTORIES）、「BROMPTON BICYCLE」（Excellent Books）、

2024 年1月1日　初版第1刷発行

編者　『自転車日和』編集部
発行人　廣瀬和二
発行所　辰巳出版株式会社
　　　　〒113-0033　東京都文京区本郷1-33-13　春日町ビル5F
　　　　TEL　03-5931-5920（代表）
　　　　FAX　03-6386-3087（販売部）
　　　　URL　https://tg-net.co.jp/
印刷・製本　図書印刷株式会社

©TATSUMI PUBLISHING CO.,LTD.2024
Printed in Japan
ISBN 978-4-7778-3095-4 C0075